“十三五”国家重点出版物出版规划项目
深远海创新理论及技术应用丛书

海上降雨微波散射机理及其在SAR海洋探测中的应用

叶小敏　著

海洋出版社

2021年·北京

内容提要

本书系统地介绍了星载合成孔径雷达（Synthetic Aperture Radar，SAR）海洋探测理论基础、复合微波散射模型的建立；开展了海上降雨微波散射源、降雨散射模型的分析研究，建立了一种新的海上降雨散射模型；同时还开展了海面复合微波后向散射理论模型和海上降雨散射模型在星载微波散射计和高度计的定标检验、星载合成孔径雷达海面风场反演、台风高风速海面风场反演及其降雨影响校正、降雨定量探测等方面的应用研究。

本书可供卫星海洋遥感科研人员、海洋科学专业高校教师和学生、海洋和气象防灾减灾科技工作者参考。

图书在版编目（CIP）数据

海上降雨微波散射机理及其在SAR海洋探测中的应用/叶小敏著．--北京：海洋出版社，2021.7

ISBN 978-7-5210-0801-2

Ⅰ.①海…　Ⅱ.①叶…　Ⅲ.①海上-降雨-散射-应用-合成孔径雷达-海洋调查-研究　Ⅳ.①P732.4 ②P426.62

中国版本图书馆CIP数据核字（2021）第133670号

丛书策划：郑跟娣
责任编辑：程净净
责任印制：安　森
海洋出版社　出版发行
http：//www.oceanpress.com.cn
北京市海淀区大慧寺路8号　邮编：100081
廊坊一二〇六印刷厂印刷　新华书店北京发行所经销
2021年7月第1版　2021年7月北京第1次印刷
开本：787mm×1092mm　1/16　印张：9.25
字数：210千字　定价：108.00元
发行部：010-62100090　邮购部：010-62100072　总编室：010-62100034

前　言

降雨是一种可强烈影响当地天气的重要大气现象，影响着海洋与大气之间的热量、质量和动能传输。海上降雨有时由于离岸太远而无法被岸基天气雷达所探测。卫星遥感具有可“大面积、近实时、长时间连续”观测的优势，是对地观测的有效技术手段。

微波遥感一般被认为可实现全天时、全天候的对地观测。然而实际上，降雨条件下的卫星微波遥感也会受其影响。为此，星载微波散射计、雷达高度计等卫星微波遥感数据产品，均会进行降雨标识，并划分其质量等级。覆盖降雨区的合成孔径雷达（SAR）图像，会显现清晰的降雨图斑特征；利用SAR进行海面风场反演等应用时，也会因降雨导致后向散射系数的改变而影响其定量探测精度。

目前，海洋降水的卫星遥感探测载荷有星载降雨雷达和微波辐射计，然而它们的空间分辨率相对较低（4～25 km）。星载SAR图像的空间分辨率达数十米至数百米，为海上降雨的高分辨率探测提供了可能。本书以SAR卫星遥感图像资料为主要数据源，开展海上降雨的微波散射机理研究，以此为基础开展星载SAR的海上降雨探测技术与应用研究。

本书共分5章。第1章介绍研究背景和意义，海上降雨所涉及的遥感载荷、技术方法的研究现状。第2章介绍本书研究内容涉及的海浪谱、海面微波散射、SAR海洋观测工作原理等基础理论知识。第3章对以双尺度模型和几何光学模型为基础的复合微波后向散射理论模型进行仿真分析，并与SAR、微波散射计和雷达高度计的实测后向散射系数观测值进行比较分析。第4章提出一套改进的海上降雨微波散射修正模型，并进行实例分析和验证。第5章利用海上降雨微波散射修正模型进行SAR海面风场反演及其降雨影响校正、降雨率定量反演探讨等应用专题研究。

本书是在本人博士学位论文的基础上修订改编而成，研究工作得到了林明森研究员、郑全安研究员等老师的指导和帮助，同时也得到了国家卫星海洋应用中心多位同事在数据资料获取、处理等方面的帮助，在此一并表示感谢。

本书的出版得到了国家自然科学基金——“海洋降雨的星载合成孔径雷达遥感探测研究”（41876211）和“样本特性对海洋遥感产品真实性检验的定量化影响研究”（41506206）的资助。

由于本人水平有限，书中难免有疏漏和不足之处，敬请同行专家和读者批评指正。

叶小敏

2021年5月

目 录

第1章 绪论

1.1 背景和意义

中国已分别于2002年5月、2007年4月、2018年9月和2020年6月发射了海洋水色卫星：海洋一号A（HY-1A）、海洋一号B（HY-1B）、海洋一号C（HY-1C）和海洋一号D（HY-1D）；于2011年8月、2018年10月、2020年9月和2012年5月发射了海洋动力环境卫星：海洋二号A（HY-2A）、海洋二号B（HY-2B）、海洋二号C（HY-2C）和海洋二号D（HY-2D）；于2018年10月发射了国际合作卫星——中法海洋卫星（CFOSAT）。2015年，中国国家发展和改革委员会印发了《国家民用空间基础设施中长期发展规划（2015—2025年）》（发改高技〔2015〕2429号），规划了未来发展海洋系列卫星计划，它们包括海洋水色卫星星座、海洋动力卫星星座和海洋监视监测卫星星座，其中海洋监视监测卫星星座规划了发展合成孔径雷达卫星（http：//www.sdpc.gov.cn/zcfb/zcfbghwb/201510/t20151029_756376.html）。依据《陆海观测卫星业务发展规划》，我国卫星发射计划中还包括2颗海陆雷达卫星（http：//www.gov.cn/jrzg/2012-09/07/content_2219478.htm）。海洋系列卫星的发射将加强对海洋环境的监测，为海洋防灾减灾、海洋开发提供服务，为海洋科学研究提供观测资料源。开展海洋微波遥感探测机理及其应用研究，对提高遥感参数反演精度、开发卫星遥感新产品和挖掘海洋卫星遥感数据应用价值具有重要意义。

中国海洋卫星发展规划包括海洋水色环境卫星系列（海洋一号，HY-1）、海洋动力环境卫星系列（海洋二号，HY-2）和海洋监视监测卫星系列（海洋三号，HY-3），HY-3的遥感载荷为多极化、多模式合成孔径雷达（林明森等，2015）。作为HY-3的先导计划，中国已于2016年8月成功发射了多模式、多极化的C波段SAR卫星GF-3。SAR由于全天时、全天候和高分辨率的特点在中国海洋卫星业务化应用与基础科学研究中将会成为更加重要的手段。

SAR是一种高分辨率成像雷达，如加拿大RADARSAT-2卫星超精细模式图像的空间分辨率可达3 m，我国GF-3卫星聚束成像模式的空间分辨率已达1 m。SAR的独特优势使其在海洋环境（风、浪、海岛海岸带）、海洋灾害（飓风/台风、绿潮、海冰）、目标识别（舰船、石油平台）和海洋科学研究等各领域具有巨大的应用与研究价值。SAR的海洋监测已进入业务化应用阶段，如国家卫星海洋应用中心已利用SAR卫星遥感数据开展海上绿潮（浒苔）、海冰、海上溢油、船舶检测的业务化监测应用。

降雨是可强烈影响当地天气的重要大气现象，影响着海洋与大气之间的热量、质量和动能传输。降雨的类型包括锋面雨、层积云降雨和对流雨（雨团），其中层积云降雨是高纬度地区的主要降雨形式，而对流雨（雨团）是热带和亚热带地区的主要降雨形式（Robert and Houze，1997）。海上降雨有时由于离岸太远而无法被岸基天气雷达所探测。地面岸基天气雷达的探测范围为离岸约400 km的近海，无法对远海的降水情况进行探测。卫星遥感具有可“大面积、近实时、长时间连续”观测的优势，可实现全球海洋降雨的探测。

全球降水测量（Global Precipitation Measurement，GPM）任务是美国国家航空航天局（NASA）和日本宇宙航空研究开发机构（JAXA）联合法国国家空间中心（CNES）、印度空间研究组织（ISRO）、美国国家海洋与大气管理局（NOAA）和欧洲气象卫星组织（EUMETSAT）组成的国际空间组织联合实施的全球降雨测量任务计划，它利用多颗国际卫星实现全球降雨和冰雪的观测。GPM卫星星座包括一颗配置降水雷达与微波成像仪的核心卫星和多颗主、被动探测卫星，其观测组织如图1-1所示。

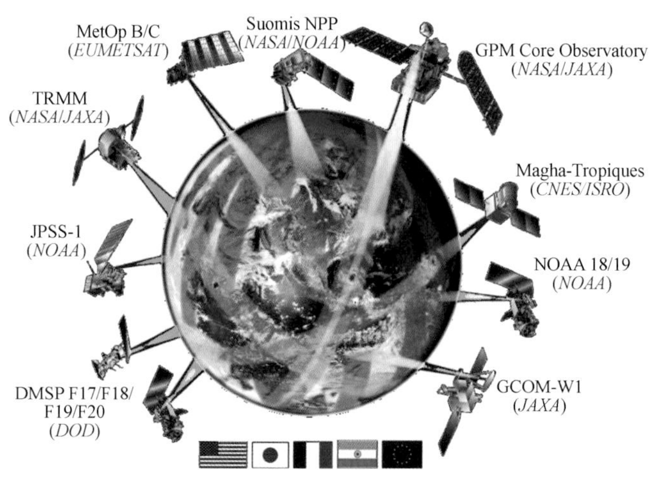

图1-1　全球降水探测任务GPM星座成员组成示意图

图片来源：https：//pmm. nasa. gov/GPM

作为空间科学卫星系列的一颗空间地球科学卫星，中国提出的全球水循环观测卫星计划（Water Cycle Observation Mission，WCOM）拟采用三频全极化干涉微波辐射计、全极化微波成像仪和双频极化微波散射计等3个有效载荷设计（频率覆盖1.4~90 GHz），通过主、被动联合观测，对陆地、海洋和大气水循环关键要素进行敏感因素和环境影响要素的时空同步系统观测（http：//www. bmrdp. cas. cn/gzky/kyjz/gdkt/201605/t20160

505_4555679. html)。

星载降雨雷达和微波辐射计等微波遥感载荷可较好地实现全球海洋降水探测，然而它们的空间分辨率相对较低。目前，最高分辨率的降雨探测载荷为 4 km 地面分辨率的热带降雨测量任务（Tropical Rainfall Measurement Mission，TRMM）卫星上的降水雷达（Precipitation Radar，PR）（Simpson et al.，1996），而微波辐射计的降雨观测产品的空间分辨率一般为 25 km。星载 SAR 利用其高空间分辨率的优势，可实现对海上降雨高达数十米至数百米空间分辨率探测（Alpers and Melsheimer，2004）。星载 SAR 是高分辨率全球覆盖范围的海上降雨探测的有效途径和遥感载荷，然而其降雨率的定量探测技术目前还尚未完全成熟，尚没有相关机构业务化生产制作并分发高分辨率的降雨率 SAR 遥感数据产品。

SAR 基于其高分辨率的优势，可实现高分辨率海面风场的探测，然而在海面风场的微波探测过程中，可能受到降雨的散射和吸收影响。热带气旋发生过程中，一般伴随着强降水（张庆红等，2010；周旋等，2014），因此，如若不进行降雨影响的校正，热带气旋等降雨条件下的海面风场微波遥感探测可受降雨影响而降低其遥感反演精度。

本书以 SAR 卫星遥感图像资料为主要数据源，开展海上降雨的微波散射机理研究，以此为基础开展星载 SAR 的海上降雨探测技术与应用研究。海洋遥感机理研究是海洋环境参数反演和目标探测的基础，本书的海上降雨微波散射机理研究具有一定的科学理论意义，可为发展降雨条件下的海洋微波散射理论提供参考。同时，本书微波散射模型的海洋遥感应用研究也具有应用价值，成果有助于高分辨率海面风场反演（散射理论模型的风场反演和雨团影响下的局地风场）和海面风场探测中的降雨影响校正，为开发 SAR 高分辨率海面风场和降雨遥感产品提供技术参考。

1.2 国内外研究现状

1.2.1 海上降雨星载微波遥感载荷概况

利用雷达进行降雨测量，可使用地基天气雷达完成，然而地基雷达无法实现全球覆盖。目前，可进行全球覆盖的星载降水测量载荷主要包括降水雷达、微波辐射计和星载 SAR，其中星载 SAR 降水测量还处于研究阶段。

1.2.1.1 降水雷达和微波辐射计

降水雷达通过主动发射微波信号、接受降雨层反射的回波信号功率反演得到被探测区域的降雨率，其原理为（刘丽霞和段崇棣，2008）

$$Pr = \frac{C}{R^2}Z \tag{1-1}$$

$$Z = aI^b \qquad (1-2)$$

式中，Pr 为雷达接收的回波信号功率；R 为雷达至被探测雨区的距离；C 为与雷达系统相关的参数；Z 为发射率因子；a、b 为某种降雨类型的特征常数参量；I 为降雨率（单位：mm/h）。

降水雷达类似一个扫描高度计，天线沿着刈幅在天底点两侧垂直飞行方向正负一定角度内扫描；其测量的回波信号功率是一个延时函数，接收不同距离上的回波，获得垂直空间上的降水信息。降水雷达通过扫描并获得距离上的延时信息，探测刈幅内降水的三维分布信息。

已发射的专门用于降水测量的卫星包括：热带降雨测量任务（TRMM）卫星和全球降水测量（GPM）任务主卫星。

TRMM 是美国和日本联合开发的测量热带和亚热带地区降雨分布的卫星计划。卫星于 1997 年 11 月发射升空，2015 年 4 月停止工作，在轨运行超过 17 a（https://pmm.nasa.gov/index.php?q=TRMM）。TRMM 卫星上搭载 5 个遥感载荷，包括降水雷达、TRMM 微波成像仪（TRMM Microwave Imager，TMI）、可见光/红外扫描仪（Visible/InfraRed Scanner，VIRS）、闪电成像传感器（Lightning Imaging Sensor，LIS）与云和地球辐射能系统（Cloud and Earth Radiation Energy System，CERES）。TRMM 卫星上的 PR、TMI 和 VIRS 共同用于降雨测量，VIRS 用于标识降雨；TMI 通过被动遥感测量降雨；PR 工作于 Ku 波段（13.8 GHz），可测量三维降雨结构，其垂直分辨率为 250 m，星下点水平空间分辨率不大于 4.4 km，刈幅不小于 215 km（Kozu et al.，2001）。TRMM 卫星遥感载荷降雨观测如图 1-2 所示。

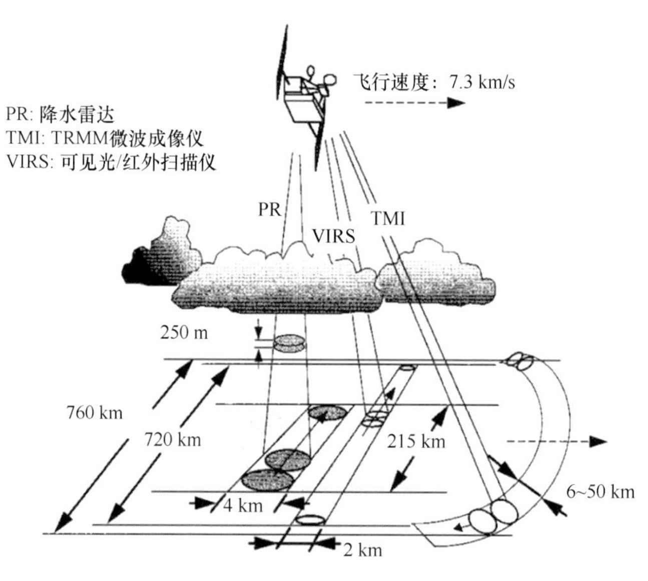

图 1-2　TRMM 卫星遥感载荷降雨观测示意图

引自 Kozu 等（2001）

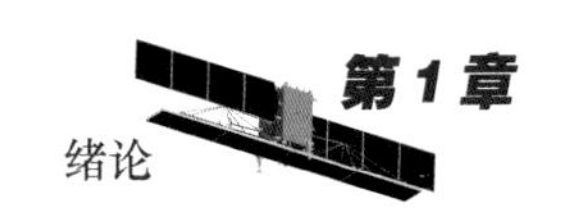

GPM 主卫星是 TRMM 的升级版，于 2014 年 2 月 27 日在日本发射升空，它搭载了一台双频降水雷达（Dual-frequency Precipitation Radar，DPR）和多通道 GPM 微波成像仪（GPM Microwave Imager，GMI）。DPR 工作于 Ka 波段（35.5 GHz）和 Ku 波段（13.6 GHz），双频率联合测量是为了提高测量的灵敏度。DPR Ka 波段探测的垂直空间分辨率为 250 m 或 500 m，水平空间分辨率为 5 km，刈幅宽度为 120 km；Ku 波段探测的垂直空间分辨率为 250 m，水平空间分辨率为 5 km，刈幅宽度为 245 km。相比于 TRMM 的 PR，DPR Ka 波段对弱降雨和降雪更加敏感，其 Ku 波段用于测量中雨和大雨。DPR 的 Ka/Ku 波段交叠同步观测还可提供中等强度降水的雨滴尺度分布信息。GMI 是一台圆锥扫描多通道微波辐射计，其刈幅宽度为 885 km，共设置 13 个波段（频率为 10～183 GHz），每个通道针对不同的降雨类型（大雨、中雨和小雨）设置最优的波段频率，并在不同的通道使用极化差异来指示光学厚度和水含量。GMI 和 DPR 共同反演得到降水的垂直结构、降雨率和降水类型（https：//pmm.nasa.gov/GPM）。DPR 和 GMI 对地观测如图 1-3 所示。

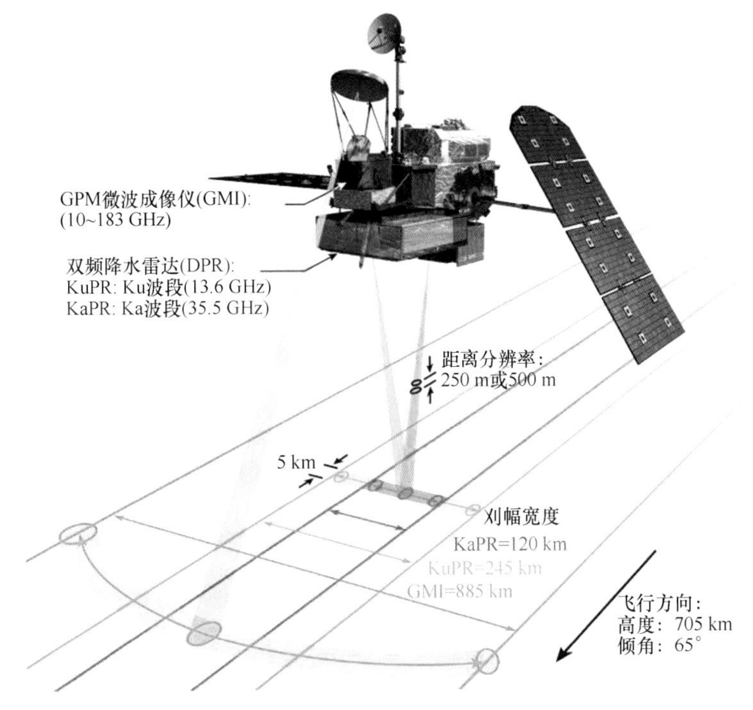

图 1-3　GPM 主卫星 DPR 和 GMI 对地观测示意图

图片来源：https：//pmm.nasa.gov/GPM

微波辐射计可以全天候探测海表面温度、盐度、风速、大气垂直温度和湿度剖面、大气中水汽含量和降雨率等。微波辐射计是通过其不同微波通道（如 SSM/I、TMI 和 AMSR-E 使用 19 GHz 和 37 GHz 两个通道）观测的亮温反演获得地面降雨率（Hilburn and Wentz，2009）。大多数微波辐射计以一个固定观测角度的圆锥形扫描器观测海洋表面。第一台圆锥扫描微波辐射计是 1978 年在美国 Seasat 卫星上运行了 3 个月的多光谱微波扫描辐射计（SMMR）。目前，可用于降雨测量的典型微波辐射计除前文介绍的搭载于TRMM卫星上的微波成像仪和GPM卫星的多通道微波成像仪外，还包括先进微波辐射计（Advanced Microwave Scanning Radiometer，AMSR。包括JAXA ASEO－Ⅱ卫星的AMSR、NASA Aqua卫星的AMSR－E和JAXA GCOM－W1卫星的AMSR－2）、Coriolis卫星的Windsat、中国HY－2卫星的微波辐射计和FY－3卫星的微波成像仪（MWRI）等。可提供降雨率观测产品的主要微波辐射计信息见表1－1。

表1－1　可提供降雨率观测产品的主要微波辐射计信息

序号	微波辐射计	卫星（任务）	运行年份	所属国家
1	SSM/I、SSMIS	DMSP	1987年至今	美国
2	TMI	TRMM	1997—2015年	美国、日本
3	AMSR－E	Aqua	2002—2011年	美国
4	AMSR－2	GCOM－W1	2012年至今	日本
5	Windsat	Coriolis	2013年至今	美国
6	GMI	GPM	2014年至今	美国、日本
7	MWRI	FY－3A/B/C	2008年至今	中国
8	HY－2A微波辐射计	HY－2A	2011年至今	中国
9	HY－2B微波辐射计	HY－2B	2018年至今	中国

表1－1中微波辐射计降雨率产品的地面空间分辨率一般为25 km，其中SSM/I、SSMIS、TMI、AMSR－E、AMSR－2、Windsat降雨率产品可于美国Remote Sensing Systems（RSS，http：//www. remss. com）公司获取；其中TMI和GMI降雨率产品可于美国NASA（https：//pmm. nasa. gov/precipitation－measurement－missions）下载获取；MWRI降雨率产品可于中国气象局国家卫星气象中心（http：//satellite. cma. gov. cn/PortalSite/Data/Satellite. aspx）获取；HY－2微波辐射计数据产品可于国家卫星海洋应用中心（http：//www. nsoas. org. cn）获取。本书使用了AMSR－2和Windsat两种微波辐射计降雨率产品，其数据均由RSS公司生产制作（http：//www. remss. com/measurements/rain－rate）。

1.2.1.2　星载SAR

自1978年6月NASA喷气推进实验室（Jet Propulsion Laboratory，JPL）发射搭载有SAR的海洋卫星Seasat－A始，世界各国发射了大量的SAR卫星。如美国“长曲棍球（La-crosse）”系列卫星（X、L波段SAR）；欧洲航天局（European Space Agency，ESA）的欧洲遥感卫星（European Remote Sensing Satellite，ERS）ERS－1和ERS－2，及其后续星EN-VISAT（C波段SAR）；意大利COSMO－Skymed卫星（X波段SAR）；德国TerraSAR－X卫星（X波段SAR）；日本先进陆地观测卫星（Advanced Land Observing Satellite，ALOS）（L

波段 SAR)，加拿大 RADARSAT-1 和 RADARSAT-2 卫星（C 波段 SAR）。

中国已发射的 SAR 卫星除 HJ-1C 卫星（S 波段 SAR）和遥感系列卫星（X 波段 SAR）外，已于 2016 年 8 月 10 日 6 时 55 分（北京时间）发射了高分三号（GF-3）卫星。GF-3 卫星是一颗具有 12 种成像模式的 C 波段多极化 SAR 成像卫星，除具备传统的条带成像模式和扫描成像模式外，还具有面向海洋应用的波模式和全球观测模式，是目前世界上成像模式最多的 SAR 卫星，其聚束成像模式的空间分辨率高达 1 m。GF-3 的设计寿命为 8 a，是中国首颗 C 波段、多极化、高分辨率微波遥感卫星，主要用途为海洋监测。

已发射且搭载有 SAR 的主要卫星平台信息概况见表 1-2。

表 1-2　主要星载合成孔径雷达信息概况

卫星（所属国家/机构）	发射年份	工作频段	波长/cm	极化方式	最高分辨率/（距离向 m×方位向 m）
SEASAT（美国）	1978	L	23.5	HH	7.9×6
ERS-1/2（欧洲航天局）	1991/1995	C	5.7	VV	9.7×25
ALMAZ（苏联）	1991	S	10	HH	15×15
JERS-1（日本）	1992	L	23.5	HH	10×30
RADARSAT-1（加拿大）	1995	C	5.7	HH	12.9×28
ENVISAT ASAR（欧洲航天局）	2002	C	5.331	HH，HV，VH，VV	16.6×6
ALOS-1 PALSAR-1（日本）	2006	L	23.6	HH，HV，VH，VV	10×10
RADARSAT-2（加拿大）	2007	C	5.6	HH，HV，VH，VV	3×3
TerraSARX/TanDEM-X（德国）	2007/2010	X	3.1	全极化	1×1
Cosmo-SkyMed（意大利）	2007/2007 2008/2010	X	3.1	HH，HV，VH，VV	1×1
ALOS-2 PALSAR-2（日本）	2014	L	22.9	全极化	3×10
HJ-1C（中国）	2012	S	9.4	VV	20×5
Sentinel-1A/B（欧洲航天局）	2014/2016	C	5.6	全极化	5×5
GF-3（中国）	2016	C	5.6	全极化	1×1

注：国外星载 SAR 信息引自 Zheng（2018）。

本书所使用的 SAR 数据包括 RADARSAT-2 卫星 C 波段 SAR 和 COSMO 卫星 X 波段 SAR。

RADARSAT-2 是搭载 C 波段（5.405 GHz）SAR 的高分辨率商用卫星，为 RADARSAT-1 卫星的后续星，于 2007 年 12 月发射升空。RADARSAT-2 卫星由加拿大太空署（Canadian Space Agency，CSA）与 MDA 公司（MacDonald，Dettwiler and Associates Ltd）合作发射与运行。RADARSAT-2 具有不同分辨率、不同观测入射角以及不同极化组合的共 11 种波束模式的数据，其成像模式与对应产品特征信息见表 1-3。

表 1-3　RADARSAT-2 卫星 SAR 成像模式及其数据产品特征

成像模式	极化方式	入射角/（°）	分辨率/（距离向 m×方位向 m）	刈幅/km
超精细（Ultrafine）	单极化（HH、VV、HV 或 VH）	30~40	3×3	20
多视精细（Multilook fine）		30~50	11×9	50
四极化精细（Fine quad-polarization）	四极化（HH/VV/HV/VH）	20~41	11×9	25
四极化标准（Standard quad-polarization）		20~41	25×28	25
低入射角（Low incidence）	单极化（HH 或 HV）	10~23	40×28	170
高入射角（High incidence）		49~60	20×28	70
标准（Standard）	单极化（HH、VV、HV 或 VH）或双极化（HH/HV 或 VV/VH）	20~49	25×28	100
宽（Wide）		20~45	25×28	150
精细（Fine）		30~50	10×9	50
窄幅扫描（ScanSAR narrow）		20~49	50×50	300
宽幅扫描（ScanSAR wide）		20~47	100×100	500

注：引自 Morena 等（2004）。

表 1-3 中成像模式的前 4 种是 RADARSAT-2 相对于 RADARSAT-1 新增的成像模式。本书所有使用的 RADARSAT-2 卫星 C 波段（5.405 GHz）SAR 图像数据为宽幅扫描模式产品数据（ScanSAR Wide beam product，SCW）（VV 或 HH 极化），地面分辨率为 100 m×100 m，刈幅宽度为 500 km。该 SAR 数据包括 Geotiff 图像格式文件和查找表（Look-up Tables，LUTs）文件，其产品级别为地理参考精校正产品（SAR Georeferenced Fine product，SGF），数据经过地距转换，且经过多视处理。

COSMO-SkyMed 卫星系统是一个由意大利航天局和意大利国防部共同研发的由 4 颗雷达卫星组成的星座，分别发射于 2007 年 6 月 8 日（COSMO-SkyMed-1）、2007 年 12 月 8 日（COSMO-SkyMed-2）、2008 年 10 月 24 日（COSMO-SkyMed-3）和 2010 年 11 月 5 日（COSMO-SkyMed-4）。COSMO-SkyMed 系统的每颗卫星搭载有 X 波段（9.6 GHz，波长 3.1 cm）的高分辨率 SAR。COSMO/SAR 可在 3 种成像模式下提供 5 种分辨率的产品，雷达波入射角范围为 20°~60°，其成像模式与对应产品特征信息见表 1-4。

表 1-4　COSMO 卫星 SAR 成像模式及其数据产品特征

成像模式		极化方式	分辨率/（距离向 m×方位向 m）	刈幅/km
聚束（Spotlight）		单极化（HH 或 VV）	1×1	10
条带（Stripmap）	Himage	单极化（HH、HV、VH 或 VV）	3×3	40
	PingPong	双极化（HH/VV、HH/HV 或 VV/VH）	15×15	30
扫描（ScanSAR）	WideRegion	单极化（HH、HV、VH 或 VV）	30×30	100
	HugeRegion		100×100	200

本书所用的 COSMO 卫星 SAR 数据均为 VV 极化、超宽幅（HugeRegion）扫描模式 Level 1C 地理编码椭球体纠正产品（Geocoding of Ellipsoid Correction，GEC），地面空间分辨率为 100 m×100 m，单景图像地面覆盖范围为 200 km×200 km，SAR 数据记录文件格式为 HDF5。

1.2.2 SAR 海上降雨探测技术研究现状

利用航天飞机 SAR 图像和星载 SAR 图像均可对海上降雨进行探测（Moore et al.，1997；Alpers and Melsheimer，2004；Xu et al.，2015；Zhang et al.，2016）。图 1-4 显示的影像即航天飞机搭载 SIR-C/X-SAR 系统对雨团的观测图像。SAR 海上降雨探测研究，不仅包括利用 SAR 图像对降雨的识别与图形特征分析，还包括对海上降雨的 SAR 定量化观测研究。

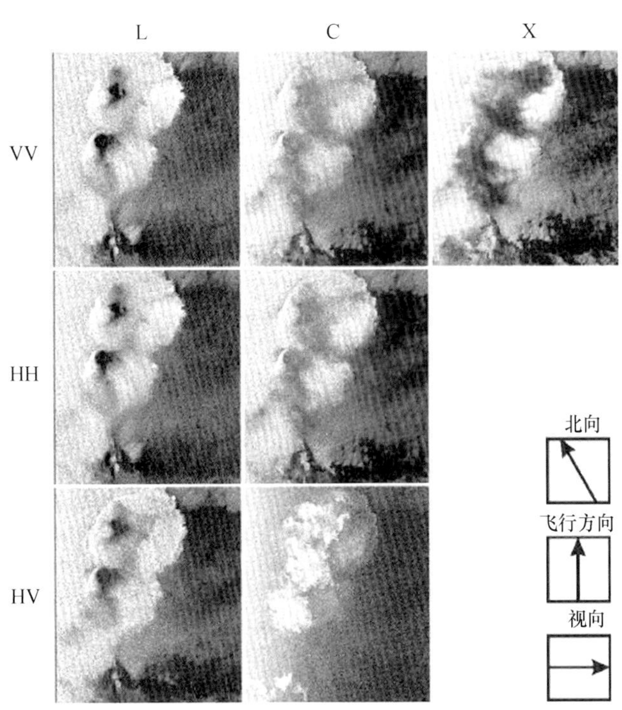

图 1-4　不同极化和波段下的 SIR-C/X-SAR 降雨图像

成像时间为 1994 年 4 月 17 日 18：47 UTC，覆盖地区为马六甲海峡北部，覆盖大小为 16 km×18 km，中心位置为 4°56′N，100°12′E，引自 Alpers 和 Melsheimer（2004）的图 17.10

利用 SAR 图像对海上降雨的识别与图像特征分析，通常使用 SAR 图像和地面天气雷达、红外与光学卫星同步观测数据对雨团进行识别和结构分析（Melsheimer et al.，2001；Lin et al.，2001；Alpers et al.，2007；甘锡林等，2007；Alpers et al.，2016）。如 Alpers 等（2007）利用香港天气雷达和 ENVISAT 卫星 ASAR 对南海雨季的雨团群、高空风槽产生的雨团降雨带、冷锋锋面上内嵌的雨团3种典型雨团进行对比识别和分析研究；甘锡林等（2007）利用ERS-1卫星SAR图像结合NOAA AVHRR和NCEP数据分析了台湾海峡的中尺度雷暴过程，详细获取其形状结构、移动方向和速度等参数；Alpers等（2016）利用SIR-C/X多极化SAR以及ENVISAT、Sentinel-1A和RADARSAT-2卫星C波段SAR图像和天气雷达等观测数据获得海上降雨足印特征的观测结果，定性分析了降雨对雷达后向散射的影响，其观测结果发现，C波段的降雨雷达信号的增强或减弱取决于降雨率、入射角和背景风速等多种因素，示例见图1-5。

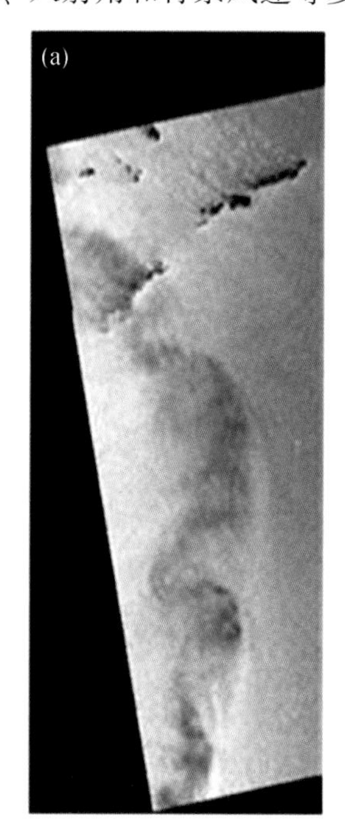

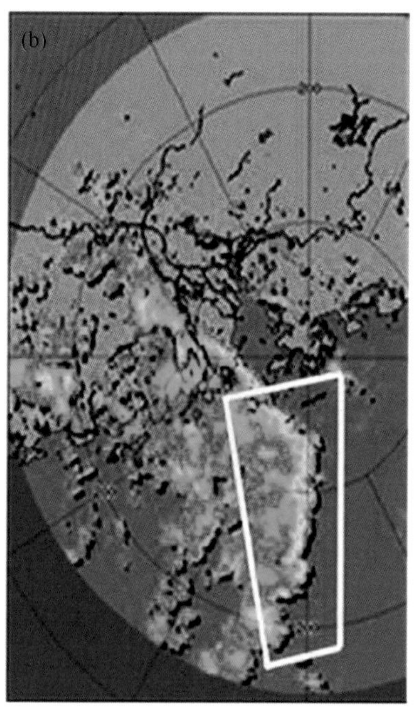

图1-5　ENVISAT卫星VV极化ASAR图像（a）和天气雷达（b）对海上降雨同步观测结果
2008年8月6日14：18 UTC，降雨率30~75 mm/h，引自Alpers等（2016）

海上降雨SAR定量化探测研究的基本思路是通过分析海上降雨微波散射的散射源（大气和海面），建立海上降雨的后向散射模型，利用实际观测数据（辐射计、降水雷达或地面天气雷达的降雨观测数据和SAR）对降雨的后向散射模型进行验证分析。

大气中雨滴对雷达后向散射信号的影响包括传播路径上雨滴对微波的吸收和体散射（Ulaby et al.，1982；Odedina and Afullo，2010）。Draper和Long（2004）使用美国QuikSCAT卫星上Ku波段（13.4 GHz）SeaWinds散射计1999年8—10月共3个月的海面观测后向散射系数、数值天气预报海面风和TRMM卫星上PR的降雨率数据进行匹配拟合，获得了不同降雨率与Ku波段HH和VV极化的海面后向散射系数关系；Nie和Long（2007）、Nie（2008）使用ERS-1和ERS-2卫星上C波段（5.3 GHz）散射计（ESCAT）1999年8月1日至2000年12月31日共17个月的海面后向散射系数数据、欧洲中期天气预报中心（European Center for Medium-Range Weather Forecasts，ECMWF）数据和TRMM卫星PR的降雨率数据匹配拟合获得不同降雨率与C波段VV极化海面后向散射系数的关系。周旋等（2012）改用Metop-A卫星ASCAT散射计2010年全年的海面后向散射系数数据、ECMWF数据和TRMM卫星PR降雨率数据匹配建立了降雨率与大气中雨滴对C波段VV极化微波散射和吸收的经验关系式。Xu等（2015）将大气中雨滴考虑为瑞利球形粒子的体散射和吸收，建立了大气中雨滴对微波的散射和吸收模型。

Bliven等（1993；1997）、Bliven和Giovanangeli（1993）以及Contreras等（2003）的实验室水槽微波实验和分析认为，降雨雨滴撞击水面产生的环形波是海上降雨微波散射的主要散射源之一（雨滴撞击水面产生环形波的过程见后文图4-1）。降雨雨滴在水面产生的环形波谱的具体形式可通过实验室水槽模拟实验获得（Bliven et al.，1997；Craeye et al.，1999；Lemaire et al.，2002）。Bliven等（1997）建立了一种对数-高斯形式的降雨环形波谱，其谱的峰值频率随着雨滴直径增加而降低，与降雨率几乎无关。Lemaire等（2002）在Bliven等（1997）的基础上发展了由2.3 mm、2.8 mm和4.2 mm 3种直径雨滴组合模拟自然降雨的对数-高斯形环形波谱，该波谱在小于115 mm/h降雨率的情况下，谱模型和实验室实测拟合较好。Contreras和Plant（2006）建立了由降雨调制下的风浪数值谱及其微波散射模型，其结果表明，降雨对毛细-重力波的抑制或增强，取决于环形波对海面粗糙度的改变，即降雨环形波谱和风浪谱的叠加情况。

在弱降雨条件下，海面风对海面作用产生的毛细-重力波的布拉格（Bragg）共振散射被认为是海上降雨微波探测的主要散射源之一（Contreras and Plant，2006；Xu et al.，2015；Zhang et al.，2016；Alpers et al.，2016）。该类研究均将降雨产生的水面环形波谱和风浪谱作线性相加或相互耦合的非线性相加，建立降雨条件下的海面微波后向散射模型。仅对于风浪作用下的海面微波散射，在中等入射角（25°~65°）条件下，其雷达后向探测信号的主要来源是电磁波的布拉格共振（Rice，1951；Valenzuela，1968；1978），其一阶布拉格散射发生在毛细-重力波波谱范围内（Donelan and Pierson，1987）。基于双尺度的微波散射模型，假定海面由大、小两种尺度的波浪组合而成，微尺度波叠加在海浪上，微尺度波对雷达微波产生布拉格散射，而海浪（长波）则通过改变海面的坡度而改变雷达微波的局地入射角（Valenzuela，1978；杨劲松，2001；2005）。使用风浪谱和降雨环形谱的叠加形式，以双尺度模型为散射模型，可计算中等入射角下微波的海面后向散射系数，但使用不同的风浪谱模型和海面坡度概率密度函数，可导致计算的结果略有差异（Chan and Fung，1977；Fung and Lee，1982；Donelan and Pierson，1987；徐丰和马丽娟，2000；郭立新等，2005；2007；王运华等，2006；2007；王运华，2006；Wu et al.，2009；Contreras and Plant，2006；Xu et al.，2015；Zhang et al.，2016）。

降雨雨滴撞击海面，除产生环形波和溅射体外，在海水上表层还可产生湍流而对短重力波产生抑制。Xu等（2015）认为，降雨的下沉风对海面背景风场的影响和雨滴撞击海面在海水上表层产生的湍流对短重力波的机制研究并不完全成熟，且降雨产生的水面湍流对短重力波的抑制仅在比 C 波段波长更短的微波频段或者小于 30°入射角的情形下，才起显著响应。因此，Xu 等（2015）忽略降雨产生的湍流对风浪的抑制效应，将降雨的环形波谱（Bliven et al.，1997；Lemaire et al.，2002）和风浪谱（Chan and Fung，1977；Fung and Lee，1982）线性叠加，并将雨滴考虑为瑞利球形粒子的体散射和吸收，建立了 SAR 海上降雨的综合散射模型；其散射模型获得了天气雷达和 ENVISAT/SAR 观测数据的验证，然而该模型在降雨率为 120 mm/h 时，后向散射系数的模型计算值相比于实测值约偏高 2 dB（图 1-6）。Zhang 等（2016）使用 Kudryavtsev 等（2003）发展的风浪谱和 Le Méhauté（1988）的降雨环形谱、降雨对海水运动黏性系数影响（Contreras and Plant，2006；Tsimplis，1992）、Nie 和 Long（2007）的大气雨滴散射和吸收模型建立了海上降雨的微波散射模型，在降雨率低于 35 mm/h 的飓风发生海区，该模型获得了 SAR 和 SFMR 观测数据的验证。

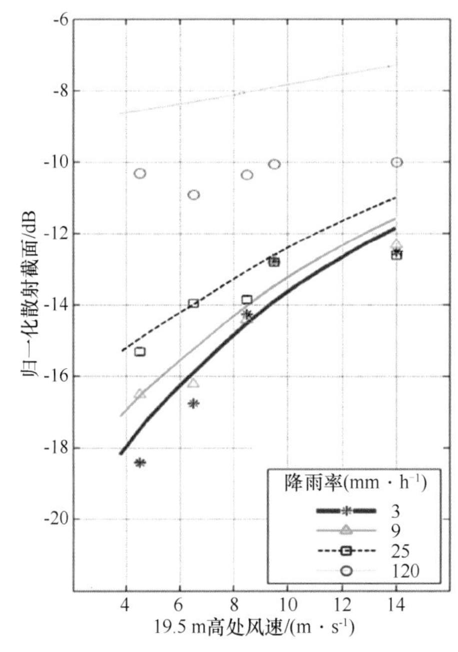

图 1-6　风-雨海面后向散射混合模型与实测值的比较

引自 Xu 等（2015）的图 8，图中实测值来自 Moore 等（1979）

Wetzel（1987）认为，雷达波在近水平入射时，水柱是水面降雨的主要散射物，且建立了单一雨滴水面溅射体的电磁波散射模型，结果显示，海面溅射的水柱对散射特征起重要作用。Liu 等（2016b）通过实验室水槽实验模拟海上降雨也发现：雨滴降落撞击水面产生的溅射体是海上降雨微波后向散射的主要散射体，图 1-7 是降雨在水面产生溅射体过程的实验室观测照。尽管柳鹏等（2014）认为雨滴对海表的“溅射”所引起的有效后向散射还没有完全成熟的模型，然而 Zheng（2012）和 Liu 等（2016b）在实验室观测的基础上建立了海上降雨溅射体相干散射的理论模型，从微波散射理论上解析了强降雨条件 SAR 探测信号减弱的物理机制。

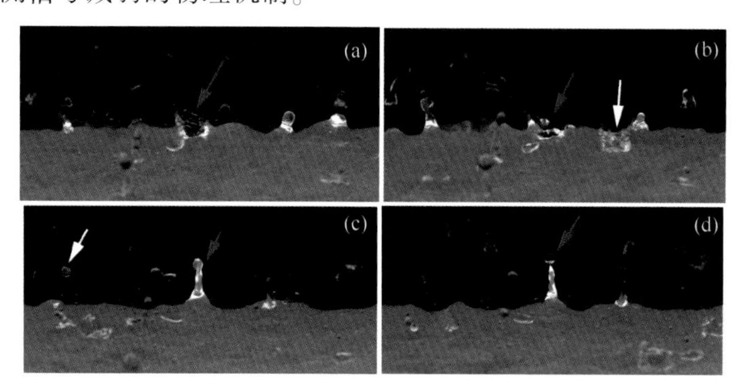

图 1-7 降雨雨滴与海面相互作用过程的实验观测照

引自 Liu 等（2016b）

在降雨过程中，常伴随局地海面风场的急剧变化，而 SAR 可用于开展高分辨率的海面风场探测。如 Chan 等（1977）使用 SAR 对飑线（Squall Line，指带状的雷暴群所构成的风向、风速突变的一种中小尺度强对流天气，通常伴随或先于冷锋出现，破坏性极强）的海面风场进行探测，分析了雨团作用下海面风的精细结构。降雨可通过下沉气流影响局地的海面风场（Atlas，1994a），雨团改变海面风场的方式为下沉气流随降雨抵达海面，然后迅速向四周扩散，扩散的气流与海面背景风场相互叠加，最终改变了降雨区域的局地海面风场（Atlas，1994a）。因此，SAR 对海上降雨的研究还包括降雨对局地海面风场影响的探测。

以上 SAR 海上降雨探测技术研究成果，海上降雨探测的微波后向散射源及总后向散射系数计算流程可用图 1-8 所示的示意图概括。

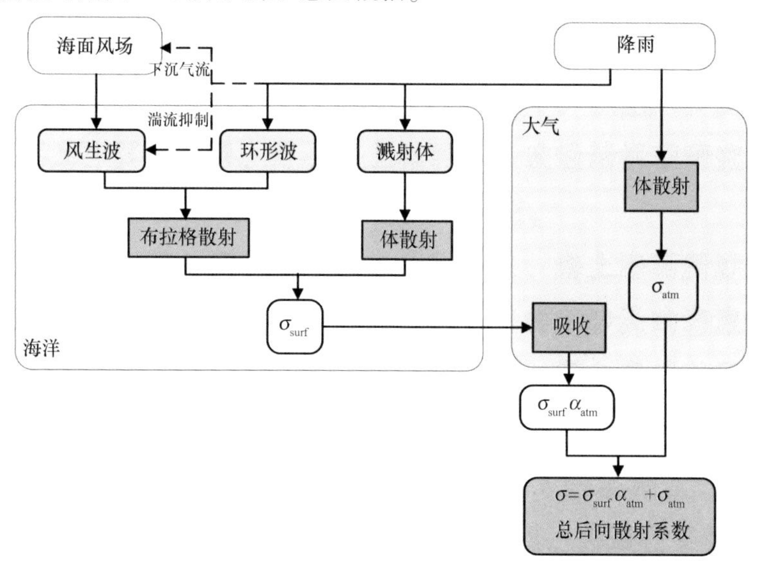

图 1-8 海上降雨探测微波散射源分解及总后向散射系数计算流程

降雨条件下，卫星微波散射计探测的海面风速反演精度将受到影响（Lin et al.，2015），强降雨条件下（尤其是低风速情况），散射计海面风速偏高（Ricciardulli et al.，2016），因此应用微波散射计数据需对其进行质量控制（Portabella et al.，2012；Lin et al.，2015）。降雨条件下微波散射计探测的海面风速可通过降雨条件下的辐射传输与散射模型反演获得或者对产品进行降雨影响订正（Contreras et al.，2003；Tournadre and Quilfen，2003；2005；Nie and Long，2008；Nie，2008；周旋等，2012）。台风（飓风）发生时，常伴随降雨的发生，海上降雨的微波散射模型也可用于SAR数据的台风参数估计及风场构建（周旋等，2014）。

综合目前SAR海上降雨探测技术的研究现状，该研究领域存在的问题包括以下两个方面。

（1）海面波的布拉格散射机制不能解释强降雨条件下微波散射特征。如前文图1-6显示的风-雨海面后向散射混合模型与实测值的对比结果，在降雨率为120 mm/h的强降雨时，仅降雨环形波和风浪作用的微波散射理论模型相比于实测的后向散射系数偏高约2 dB。图1-5显示，降雨对L波段和X波段的散射具有抑制作用（雨团中心较暗），而对于波长处于中间的C波段却没有产生明显抑制（雨团中心较亮）。

（2）对于海面溅射体散射模型，尚没有完全可直接计算的定量化模型。如Zheng（2012）和Liu等（2016b）通过电磁波相干散射理论解析了海面降雨溅射体的微波散射机制，但其模型中存在需定标的未定参数。

考虑更全面的散射源，建立定量化的海上降雨微波散射模型仍然是当前的研究热点；开展海上降雨微波散射模型的应用研究，既是检验其模型适用性的途径，也是遥感探测机理研究的意义和重要性所在。

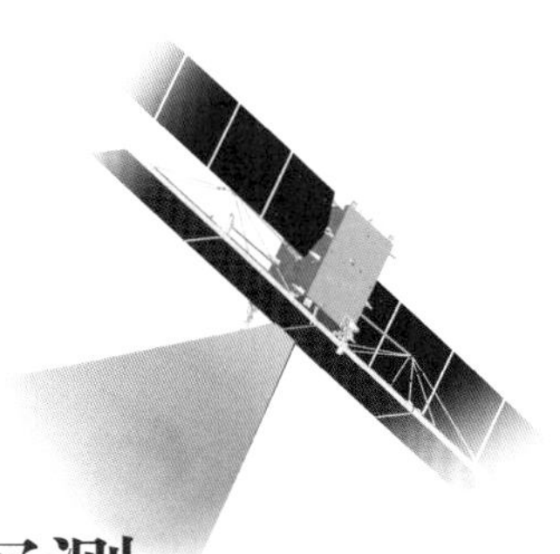

第 2 章　微波海洋探测理论基础

本书以 SAR 遥感资料为主要数据源，开展海上降雨的微波散射机理及其海洋遥感应用研究。因此，本章将对研究内容所涉及的微波海洋探测相关的海浪谱、海面微波散射理论和 SAR 海洋探测工作原理等理论基础进行介绍。

2.1　海浪谱

波动是海水运动的重要形式之一，其主要特征是时间和空间的周期性变化，然而海洋波浪十分复杂，不是严格的周期性变化。海浪可视作由无限个不同振幅、频率、方向和位相杂乱的波组成，这些组成波构成了海浪谱。海浪谱是描述海浪的一种形式，描述海浪能量相对于各组成波的分布，用于描述海浪内部能量相对于海浪各组成波频率和方向的分布。

假定海浪由许多随机的正弦波叠加而成。不同频率的组成波具有不同的振幅，从而具有不同的能量。设圆频率为 ω 的函数 S（ω），在 ω 至（$\omega+\delta\omega$）的频率间隔内，海浪各组成波的能量与 S（ω）$\delta\omega$ 成比例，则 S（ω）表示这些组成波的能量密度，$\delta\omega$ 表示频率间隔小。S（ω）称为海浪的频谱或能谱。同样，设有一个包含组成波的圆频率 ω 和波向 θ 的函数 S（ω，θ），且在 ω 至（$\omega+\delta\omega$）和 θ 至（$\theta+\delta\omega$）的间隔内，各组成波的能量和 S（ω，θ）$\delta\omega\delta\theta$ 成比例，则 S（ω，θ）代表能量对 ω 和 θ 的分布，称为海浪的方向谱。将组成波的圆频率转换为波数，则可得到波数谱；将 ω 换为 $2\pi f$，则得到以 f 表示的频谱 S（f）函数；同样可以得到波数谱函数 S（k）和 S（k，θ）。以上各种谱统称为海浪谱。其中 S（ω）、S（f）和 S（k）只有一个变量，为一维谱；S（ω，θ）和 S（k，θ）包含两个变量，为二维谱，即海浪方向谱。它们均是代表能量密度的量（冯士筰等，1999）。

为了简化问题，常将二维海浪谱 S（k，θ）表示成下面的形式（Bourlier et al.，2000）：

$$S(k, \theta) = S(k) f(k, \theta) \tag{2-1}$$

式中，$S(k)$ 为海浪谱的各向同性部分；$f(k, \theta)$ 为方位部分的函数，一般可表示为如下形式：

$$f(k, \theta) = \frac{1}{2\pi}[1 + \Delta(k) \times \cos(2\theta)] \tag{2-2}$$

现将本书涉及的Fung-Lee半经验海浪谱（Fung and Lee，1982）和Elfouhaily海浪谱（Elfouhaily et al.，1997）进行简要介绍。

2.1.1 Fung-Lee半经验海浪谱

Fung-Lee半经验海浪谱（Fung and Lee，1982）是在Pierson（1976）和Pierson-Moskowitz谱（Pierson and Moskowitz，1964）的基础上发展而来。Fung-Lee半经验海浪谱使用Pierson-Moskowitz谱 $S_1(k)$ 描述其谱的低频海浪部分，$S_1(k)$ 的表达式为

$$S_1(k) = \frac{a_0}{k^3}\exp\left(-\frac{0.74g^2}{k^2 U_{19.5}^4}\right) \tag{2-3}$$

应用于雷达散射的谱段 $S_2(k)$ 的表达式为

$$S_2(k) = 0.875\,(2\pi)^{p-1} \times (1 + 3k^2/k_m^2)\,g^{(1-p)/2} \times [k(1 + k^2/k_m^2)]^{-(p+1)/2} \tag{2-4}$$

$$S(k) = \begin{cases} S_1(k) & k \leqslant 0.04 \\ S_2(k) & k > 0.04 \end{cases} \tag{2-5}$$

上两式中，$a_0 = 1.4 \times 10^{-3}$；g 为重力加速度，单位为 cm/s^2；k 为雷达波数，单位为rad/cm；$k_m = g\rho_w/\tau$，ρ_w 为海水密度，τ 为海水表面张力系数，因此，$k_m = 3.63$ rad/cm；$p = 5 - \lg_{10}(u_*)$，u_* 为海面摩擦风速大小，单位为cm/s；$U_{19.5}$ 为距海面高19.5 m处的风速；距海面高 z m处的风速大小 U_z（单位：cm/s）与 u_* 的关系为

$$U_z = (u_*/0.4)\ln(z/Z_0) \tag{2-6}$$

$$Z_0 = 0.684/u_* + 4.28 \times 10^{-5} u_*^2 - 0.0443 \tag{2-7}$$

其中，Z_0 的单位为cm。

Fung-Lee半经验海浪谱的方向函数 $f(k, \theta)$ 表示为

$$f(k, \theta) = a_0 + a_1[1 - \exp(-bk^2)]\cos(2\theta) \tag{2-8}$$

其中

$$a_0 = (2\pi)^{-1} \tag{2-9}$$

$$a_1 = \frac{(1-R)/(1+R)}{\pi(1-B)} \tag{2-10}$$

$$B = \frac{1}{\sigma_t^2}\int_0^\infty k^2 S(k)\exp(-bk^2)\,\mathrm{d}k \tag{2-11}$$

$$\sigma_{ut}^2 = \int_0^\infty \int_0^{2\pi} (k\cos\theta)^2 S(k, \theta) \mathrm{d}k\mathrm{d}\theta \tag{2-12}$$

$$\sigma_{ct}^2 = \int_0^\infty \int_0^{2\pi} (k\sin\theta)^2 S(k, \theta) \mathrm{d}k\mathrm{d}\theta \tag{2-13}$$

$$\sigma_t^2 = \sigma_{ut}^2 + \sigma_{ct}^2 = \int_0^\infty k^2 S(k) \mathrm{d}k \tag{2-14}$$

$$R = \frac{\sigma_{ct}^2}{\sigma_{ut}^2} = \frac{0.003 + 1.92 \times 10^{-3} U_{12.5}}{3.16 \times 10^{-3} U_{12.5}} \tag{2-15}$$

式中，σ_{ut}^2 和 σ_{ct}^2 分别为逆风和顺风向的海面坡度方差；σ_t^2 为总的海面坡度方差，对 Ku 波段的雷达波，$b \approx 1.5\ \mathrm{cm}^2$；$U_{12.5}$ 为距海面高 12.5 m 处的风速。顺风条件下（$\theta = 0°$）的 Fung-Lee 半经验海浪谱见图 2-1。

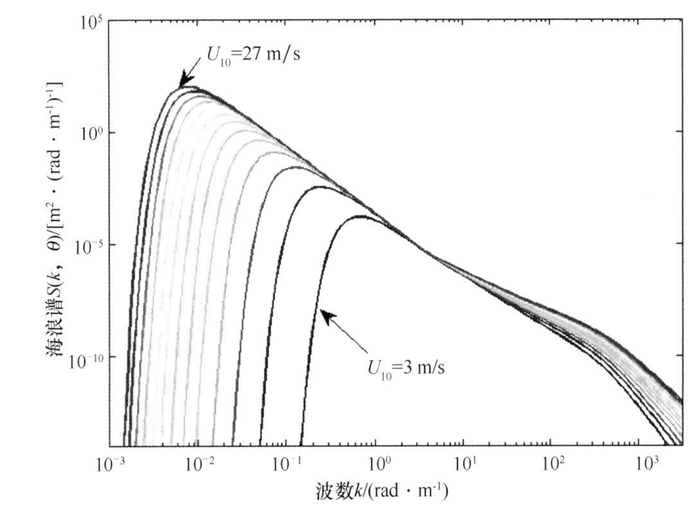

图 2-1　不同风速条件下的 Fung-Lee 半经验海浪谱

海面风速范围为 3~27 m/s，步长为 2 m/s，$\theta = 0°$

2.1.2　Elfouhaily 海浪谱

Elfouhaily 海浪谱（Elfouhaily et al.，1997）的典型特征是在谱的所有波长范围内突出了风浪之间的海-气相互摩擦的作用过程，它可有效地应用于微波散射模型中（Elfouhaily et al.，1997；Plant，2002），它在平衡谱区取决于广义波龄（U_{10}/c，长波谱段）和海面摩擦风速（u_*，短重力波段和毛细-重力波）。它的具体表示式为

$$SE(k) = k^{-3}\left\{\frac{1}{2}\alpha p \frac{cp}{c}\kappa^{\exp\left[-\frac{\left(\sqrt{\frac{k}{kp}}-1\right)^2}{2\delta^2}\right]} \exp\left(-\frac{5kp^2}{4k^2}\right) Fp + \frac{1}{2}\alpha_m \frac{c_m}{c} F_m\right\} \tag{2-16}$$

$$\alpha p = 6 \times 10^{-3}\sqrt{\Omega}, \quad cp = U_{10}/\Omega, \quad Fp = \exp\left[-\frac{\Omega}{\sqrt{10}}\left(\sqrt{\frac{k}{kp}} - 1\right)\right] \tag{2-17}$$

$$\kappa = \begin{cases} 1.7 & 0.84 \leqslant \Omega \leqslant 1 \\ 1.7 + 6\lg\Omega & 1 < \Omega \leqslant 5 \end{cases} \tag{2-18}$$

$$\delta = 0.08(1 + 4/\Omega^3), \quad kp = \Omega^2 g/U_{10}^{\ 2} \tag{2-19}$$

$$\Omega = 0.84\tanh\left[(X/2.2\times10^4)^{0.4}\right]^{-0.75} \tag{2-20}$$

$$\alpha_m = 10^{-2}\begin{cases} 1 + \ln(u_*/c_m) & u_* \leqslant c_m \\ 1 + 3\ln(u_*/c_m) & u_* > c_m \end{cases} \tag{2-21}$$

$$F_m = \exp\left[-\frac{1}{4}\left(\frac{k}{k_m} - 1\right)^2\right] \tag{2-22}$$

$$k_m = 363 \text{ rad/m}, \ c_m = \sqrt{2g/k_m} = 0.23 \text{ m/s}, \ c = \sqrt{\frac{g}{k}\left(1 + \frac{k^2}{k_m^2}\right)} \tag{2-23}$$

以上各式中，u_* 为海面摩擦风速大小；X 为风区长度（单位：m）；对开放且完全成熟的海域，X 无穷大，$\Omega = 0.84$，$\delta = 0.62$，$kp \approx g/(U_{10}^2\sqrt{2})$，$\kappa = 1.7$。

Elfouhaily 海浪谱的方位部分函数为

$$\Delta E(k, \theta) = \tanh\left[\frac{\ln 2}{4} + 4\left(\frac{c}{c_p}\right)^{2.5} + 0.13\frac{u_*}{c_m}\left(\frac{c_m}{c}\right)^{2.5}\right] \tag{2-24}$$

$$fE(k) = \frac{1}{2\pi}[1 + \Delta E(k)\cos(2\theta)] \tag{2-25}$$

Elfouhaily 海浪谱的方向谱为

$$SE(k, \theta) = SE(k)fE(k, \theta) \tag{2-26}$$

Elfouhaily 海浪谱在成熟海域顺风条件下（$\theta=0°$）的 Elfouhaily 海浪谱见图 2-2。

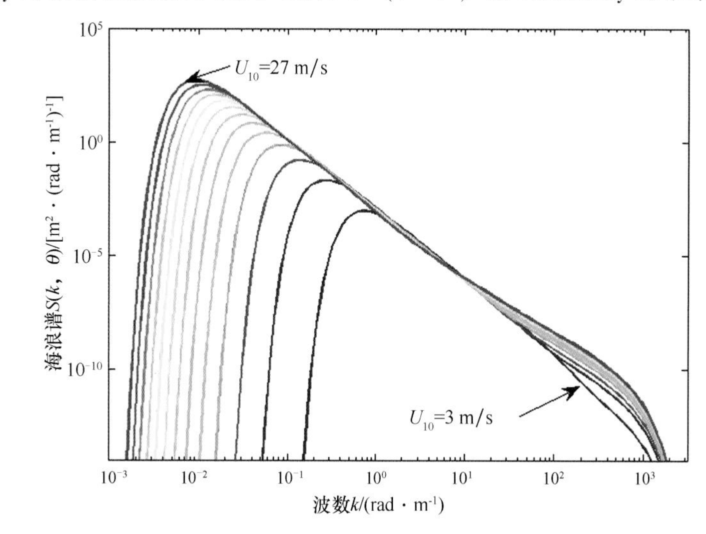

图 2-2　不同风速条件下的 Elfouhaily 海浪谱

海面风速范围为 3~27 m/s，步长为 2 m/s，$\theta = 0°$

以上介绍的 Fung-Lee 半经验海浪谱和 Elfouhaily 海浪谱在海面微波散射模型中的应用情况将在后文阐述。

降雨雨滴降落至水面，将产生环形波。为了便于阐述降雨条件下的海面微波散射模型，降雨水面环形波谱在后文的降雨微波散射模型中介绍。

2.2 海面微波散射理论

“散射”一般可描述为目标对入射电磁波能力的转向。一般情况下，电磁波入射自然目标在任意方向上均存在散射，但散射大小在各个方向上不同。定义在观测角 θ 方向上的散射截面为

$$\sigma(\theta)=\frac{\theta\text{方向每单位立体角散射功率}}{\text{入射平面波散射强度}/4\pi} \tag{2-27}$$

散射截面 σ 单位为m^2，它是观测角 θ 的函数，上式中 4π 为平面波总立体角的归一化因子。在主动雷达系统中，可控制入射至目标区域的电磁波能量，雷达系统仅考虑在 R 距离内到达雷达系统的目标散射回波，因此，可定义雷达散射截面为接收雷达波强度和入射波强度的比值：

$$\sigma=\frac{I_{\text{接收}}}{I_{\text{入射}}}4\pi R^2 \tag{2-28}$$

式中，R^2 是散射波和接收波传输 R 距离时的衰减（董晓龙等，2014）。

对于多数主动微波探测的面分布目标，其雷达回波是由雷达分辨率单元内的各散射体产生的，故采用单位表面积的雷达截面 σ_0 的无量纲量来表示目标散射特征量。σ_0 即归一化雷达截面（Normalized Radar Cross Section，NRCS）或（归一化）散射系数。根据 σ_0 的定义，有

$$\sigma=\int_A\sigma_0\mathrm{d}A \tag{2-29}$$

式中，A 为雷达观测的面积。

描述随机粗糙表面的雷达后向散射模型主要有布拉格散射模型、双尺度散射模型和 Kirchhoff 近似的几何光学散射模型。几何光学模型适用于大尺度起伏的粗糙面和小入射角（0°~20°）的散射，布拉格散射模型适用于小尺度起伏的粗糙面和中等入射角（20°~70°）的散射，而双尺度模型适用于不能明确区分为大尺度或小尺度的复杂粗糙面海面的散射，应用面较广（杨劲松，2005）。

海面波可近似由不同波长的简单波组成。波长为 λ、入射角为 θ 的雷达波，将和波峰线与雷达视线垂直的、波长为 λ_B 的微尺度波发生布拉格共振散射，波长 $\lambda_B=\lambda/2\sin\theta$；$\lambda_B$ 波长的微尺度波称为布拉格波（Moore，1985）。

双尺度散射也称组合表面散射，它假定为小波（与入射的电磁波波长相当的微尺度波）叠加在大波（大尺度波）上，海面局地的散射均为小波对入射雷达波的布拉格散

射，长波通过其倾斜波面调节小波，改变局地布拉格散射的局地入射角（Valenzuela, 1967）。因此，在利用双尺度模型计算海面微波后向散射系数时，先计算局地的布拉格散射截面，然后利用长波的海面坡度概率密度函数对局地微波散射截面进行积分获得总的海面后向散射系数。

几何光学散射模型的镜面反射是由海表面上许多像镜子的且尺度大于电磁波波长的小平面对电磁波的反射产生的。对于镜面反射，电磁波海面观测的当地入射角 $\theta=0°$。镜面反射的后向散射系数可根据电磁波与海面作用的菲涅耳反射和海面坡度概率密度函数计算得到。

本书将利用以上海面微波散射模型开展研究，为了便于阐述，其具体表示形式将在后文海面复合微波后向散射理论模型章节中介绍。

2.3 SAR 海洋探测工作原理

SAR 是一种主动成像雷达，其最显著的特征是具有高空间分辨力。SAR 主动发射的微波和海洋的微尺度结构相互作用后的后向散射信号，经处理构成 SAR 海洋探测图像。海洋、大气现象和过程作为一种调制信号，影响海面的微尺度结构而可被 SAR 图像观测到。

SAR 对地观测的方式为侧视，仅接收来自探测目标的后向散射雷达波，其观测几何关系见图 2-3。

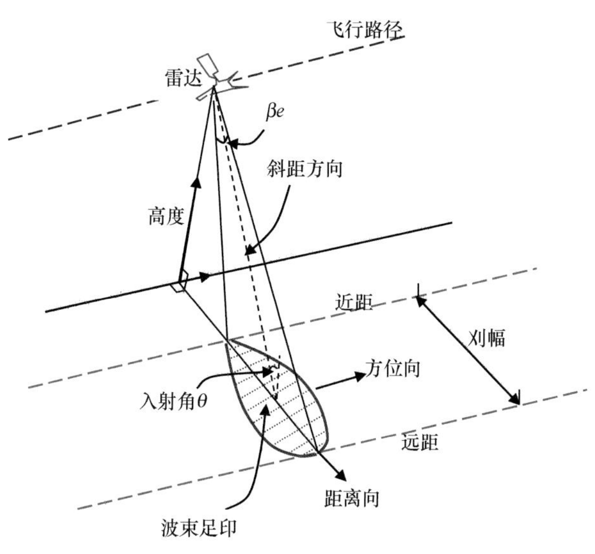

图 2-3　SAR 探测几何关系示意图

根据冯士筰等（1999）重绘

在 SAR 的观测方向上，雷达到地面的距离称为斜距；平行于雷达运动轨迹的方向称为方位向；垂直于运动方向的方向称为距离向；波束宽度为βe的电磁波以入射角θ侧视照射地面，则在地面上有一照射区形成波束足印。当载有雷达的观测平台运动时，波束足印在地面上沿方位向就会形成一个连续的观测带，其宽度为刈幅宽度。

SAR通过发射压缩的微波短脉冲获得高距离分辨率；利用散射信号的多普勒频移来获得高方位分辨率。SAR是通过实际天线运动时，接收一系列连续波束，通过处理，产生一个理想天线而合成孔径，实现高分辨率成像观测。合成孔径原理可用合成阵列法和多普勒合成法两种方法解释。

合成阵列法是假定天线长度为L_R的雷达以一定速度移动，目标从进入波束照射范围到离开的合成孔径时间内，其雷达回波的振幅和相位均被记录，然后在处理器中通过积分运算合成为一个线列阵，天线在合成孔径时间内的移动距离称为合成孔径长度，相当于一个大的真实孔径雷达天线长度。多普勒合成法假定雷达探测的目标自进入波束到退出波束的过程中，来自被探测目标的回波从正的多普勒频移，逐渐降为负值，形成一个多普勒带宽。考虑被探测目标附近的另一个目标点，它与被探测目标的多普勒频移特性完全相同。对雷达多普勒带宽进行信号处理，可分辨它们的最短时间差内雷达移动距离即SAR的方位向空间分辨率。两种合成孔径解释获得的SAR方位向空间分辨率均为

$$\rho_a = \frac{L_R}{2} \tag{2-30}$$

即SAR所能达到的最佳方位分辨率为实际天线的一半，与距离和波长无关。由于受到天线功率等因素影响，SAR不能无限通过减小天线尺寸来提高分辨率。SAR的合成孔径仅提高了方位向分辨率，距离向分辨率的提高需依赖脉冲压缩技术（Elachi，1987；杨劲松，2005）。

海洋与大气的现象和过程可通过调制作用改变海面粗糙度而被SAR观测到，其SAR的成像机制可归结为3种基本的调制：倾斜调制、流体动力学调制和速度聚束调制。

倾斜调制是由于长涌浪使得散射面元的法线方向发生了改变，即改变了SAR入射微波的当地入射角。流体动力学调制是指由于布拉格波振幅并非均匀地骑在长波上，而是受长波相位的调制，使得在长波波峰附近，小波的波动振幅随长波波浪边缘上升逐渐增大，而在波谷附近小波的振幅最小，即长波和短波的流体力学作用，长波调制了布拉格波，使后向散射的雷达微波信号发生改变。速度聚束调制是由于SAR在合成孔径时间内海面运动而引起的。海面长波的运动会产生散射面元的上下运动而改变被探测目标的多普勒频移，产生的附加多普勒频移会改变被探测目标在SAR图像中的位置。同时，使原本在图像上均匀分布的散射元受到挤压和拉伸，产生散射元在方位向上的模糊，引起后向散射的变化。风、浪、海流和内波等现象和过程一般通过以上3种调制机制对SAR图像成像产生影响。

除了以上的SAR成像调制机制外，海上石油平台、舰船、海冰、海上漂浮物（如浒苔）、大气中的降雨、冰雪等目标则通过体散射直接改变雷达回波散射信号。海上溢油

则通过直接改变海面的微尺度结构（粗糙度）来改变雷达散射信号。所有被探测目标的散射信号的改变直接影响SAR的图像特征。因此，本书将以SAR图像为数据基础，开展海上降雨的微波散射机制的分析验证和应用研究工作。

第3章 海面复合微波后向散射理论模型及其分析

目前，海面风场卫星遥感反演大多使用以经验统计方法建立的地球物理模式函数（Geophysical Model Function，GMF）进行，如C波段微波散射计的CMOD4（Stoffelen and Anderson，1997b）、CMOD-IFR2（Quilfen et al.，1998）、CMOD5（Hersbach et al.，2007）；Ku波段的NSCAT-2（Wentz and Smith，1999）等。这些地球模式函数也可用于近海风场的合成孔径雷达反演（杨劲松等，2001；Xu et al.，2008b；2011）。除地球物理模式函数外，以粗糙面微波散射理论为基础的物理模型也是海洋遥感机理研究和海面风场反演的热点（Valenzuela，1967；1978；Chan and Fung，1977；Fung and Lee，1982；Donelan et al.，1987；Plant，1986；2002；徐丰和贾复，1996；徐丰和马丽娟，2000；郭立新等，2005；2007；王运华等，2006；2007；王运华，2006；Hwang et al.，2010；叶小敏等，2019），微波散射理论模型具有明确的物理含义，可用于海面风场反演（喻亮和丁晓松，2005；Xu et al.，2008a），但主要优势是其在海洋与大气现象研究中具有广泛的适用性，如射流（Zheng et al.，2004）、波-流相互作用（陈标等，2002；2006）、亚中尺度涡（Zheng et al.，2008）和海上降雨（Contreras and Plant，2006；Xu et al.，2015；Zhang et al.，2016）。

海面风对海面粗糙度的调制是海上降雨微波散射源之一，因此在详细阐述海上降雨的微波散射前，本书先介绍风浪对海面作用下的复合微波后向散射理论模型，并使用它和地球物理模式函数计算了浮标实测海面风速、风向条件下的后向散射系数，再分别与星载SAR、微波散射计（中等入射角入射）和雷达高度计（垂直入射）的海面后向散射系数观测值进行对比分析，以此来探讨分析复合微波后向散射理论模型在星载微波海洋遥感中的适用性。

3.1 复合微波后向散射理论模型与地球物理模式函数

3.1.1 复合微波后向散射理论模型介绍

复合微波后向散射理论模型是微波双尺度后向散射模型和几何光学散射模型的组合。双尺度模型认为小波（与入射的电磁波波长相当的微尺度波）叠加在大波（大尺度波）上，海面局地的散射均为小波对入射雷达波的布拉格散射，长波通过其倾斜波面调节小波，改变局地布拉格散射的局地入射角（Peake，1959；Wright，1966；Valenzuela，1967；Fung and Lee，1982；Donelan et al.，1987；杨劲松，2001；Plant，2002；Hwang et al.，2010）。

布拉格散射的后向散射可表示为

$$\sigma_{0pq} = 16\pi k^4 \cos^4\theta \left| g_{pq}(\theta) \right|^2 W(2k\sin\theta,\ \varphi) \tag{3-1}$$

式中，k 为雷达波数；θ 为雷达波入射角；W 海面波浪的波数谱；φ 为波向（相对于海面风）；$2k\sin\theta$ 为发生布拉格共振的海面波波数；下标 p 和 q 表示极化信息（即 V 或 H）。对于同极化，g_{pp} 的表示式为

$$g_{\mathrm{HH}}(\theta) = \frac{\varepsilon_r - 1}{\left[\cos\theta + \sqrt{\varepsilon_r - \sin^2\theta}\right]^2} \tag{3-2}$$

$$g_{\mathrm{VV}}(\theta) = \frac{(\varepsilon_r - 1)\left[\varepsilon_r(1 + \sin^2\theta) - \sin^2\theta\right]}{\left[\varepsilon_r\cos\theta + \sqrt{\varepsilon_r - \sin^2\theta}\right]^2} \tag{3-3}$$

式中，ε_r 为海水相对复介电常数，为温度和盐度的函数（Meissner and Wentz，2004），其具体计算式见附录 A。双尺度模型下，同极化的海面局地归一化散射截面可表示为

$$\sigma_{0\mathrm{VV}} = 16\pi k^4 \cos^4\theta i \left| g_{\mathrm{VV}}(\theta i)\left(\frac{\alpha\cos\delta}{\alpha i}\right) + g_{\mathrm{HH}}(\theta i)\left(\frac{\sin\delta}{\alpha i}\right) \right|^2 W(KBx,\ KBy) \tag{3-4}$$

$$\sigma_{0\mathrm{HH}} = 16\pi k^4 \cos^4\theta i \left| g_{\mathrm{HH}}(\theta i)\left(\frac{\alpha\cos\delta}{\alpha i}\right) + g_{\mathrm{VV}}(\theta i)\left(\frac{\sin\delta}{\alpha i}\right) \right|^2 W(KBx,\ KBy) \tag{3-5}$$

式中，布拉格共振波数的两分量分别为 $KBx = 2k\alpha$、$KBy = 2k\gamma\sin\delta$；$\theta i = \cos^{-1}[\cos(\theta + \psi)\cos\delta]$ 为雷达波局地入射角；$\alpha i = \sin\theta i$、$\alpha = \sin(\theta + \psi)$、$\gamma = \cos(\theta + \psi)$，其中 ψ 和 δ 分别为 x 和 y 方向的海面坡面的倾角（$x - z$ 平面为电磁波入射波所在平面，y 垂直于 $x - z$ 平面）。考虑所有长波坡度的情况，则归一化雷达后向散射系数可表示为

$$\sigma_{0pp}(\theta) = \int_{-\infty}^{\infty}\int_{-\cot\theta}^{\infty} \sigma_{0pp}(\theta i) P\theta(Zx',\ Zy')\,\mathrm{d}Zx\mathrm{d}Zy \tag{3-6}$$

$$P_\theta(Zx',\ Zy') = (1 + Zx\tan\theta) P(Zx',\ Zy') \tag{3-7}$$

式中，Zx'、Zy'、Zx 和 Zy 分别为 x'、y'、x 和 y 方向上的海面坡度（长波斜率），$Zx=\tan\psi$，$Zy=\tan\delta$，x' 平行于风向，y' 垂直于风向；$P(Zx', Zy')$ 为海面坡度联合概率密度函数；Zx 和 Zy 与 Zx' 和 Zy' 的转换关系为

$$Zx' = Zx\cos\varphi + Zy\sin\varphi \tag{3-8}$$

$$Zy' = Zy\cos\varphi - Zx\sin\varphi \tag{3-9}$$

海面风坐标系（$x'-y'-z'$）和入射电磁波所在的海面坐标（x-y-z）的位置关系见图 3-1。

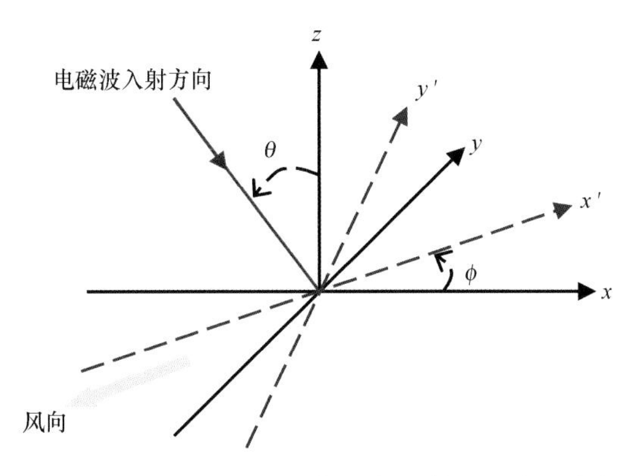

图 3-1　海面风所在的坐标系与入射电磁波所在的海面坐标系位置关系示意图

沿垂直海面方向观测的海面坡度概率密度函数 $P(Zx', Zy')$ 的表达式为（Cox and Munk，1954）

$$\begin{aligned} P(Zx', Zy') &= \frac{1}{2\pi\sigma_u\sigma_c}\exp\left(-\frac{Zx'^2}{2\sigma_u^2}-\frac{Zy'^2}{2\sigma_c^2}\right) \\ &\times\left[1-\frac{C_{21}}{2}\left(\frac{Zy'^2}{\sigma_c^2}-1\right)\frac{Zx'}{\sigma_u}-\frac{C_{03}}{6}\left(\frac{Zx'^3}{\sigma_u^3}-\frac{3Zx'}{\sigma_u}\right)\right. \\ &+\frac{C_{40}}{24}\left(\frac{Zy'^4}{\sigma_c^4}-6\frac{Zy'^2}{\sigma_c^2}+3\right)+\frac{C_{22}}{4}\left(\frac{Zy'^2}{\sigma_c^2}-1\right)\left(\frac{Zx'^2}{\sigma_u^2}-1\right) \\ &\left.+\frac{C_{04}}{24}\left(\frac{Zx'^4}{\sigma_u^4}-6\frac{Zx'^2}{\sigma_u^2}+3\right)\right] \end{aligned} \tag{3-10}$$

式中，$C_{40}=0.4$，$C_{22}=0.1$，$C_{04}=0.2$，$C_{21}=-0.11U_{10}/14$，$C_{03}=-0.42U_{10}/14$，$\sigma_u^2=0.005+0.78\times10^{-3}U_{12.5}$，$\sigma_c^2=0.003+0.84\times10^{-3}U_{12.5}$；$U_{10}$ 和 $U_{12.5}$ 分别为距海面 10 m 高和 12.5 m 高处的风速。距海面 10 m 高处海面风速大小和距海面不同高度处风速可使用如下关系进行换算（Thomas et al.，2005）：

$$\frac{U_z}{U_{10}} = \frac{\ln\left(\dfrac{z}{0.0016}\right)}{8.7403} \tag{3-11}$$

式中，U_z 为距海面高度为 z m 处的风速大小。

对于小入射角（小于 10°）雷达入射波的后向散射，镜面反射（而非布拉格散射）占主要贡献，利用 Kirchoff 近似的几何光学（Geometric Optics，GO）模型的表示式为

$$\sigma_{0GO}(\theta)=\frac{|R(0)|^2}{2\sigma_u^2\sigma_c^2}\sec^4\theta\exp\left(\frac{-\tan^2\theta}{2\sigma_u^2}\right) \tag{3-12}$$

式中，σ_u^2 和 σ_c^2 分别为顺风向和侧风向海面粗糙度的均方坡度。$R(0)$ 为垂直入射条件下的菲涅耳反射系数（Fresnel reflection coefficient），垂直入射的菲涅耳反射系数对于 HH 和 VV 极化均相同，其表达式为

$$|R(0)|^2=\frac{|1-2\sqrt{\varepsilon r}+\varepsilon r|}{|1+2\sqrt{\varepsilon r}+\varepsilon r|} \tag{3-13}$$

在应用复合微波后向散射理论模型的过程中，当局地雷达入射角小于 10°时，使用小入射角的几何光学后向散射模型计算式（3-12）代替式（3-4）和式（3-5）代入式（3-6）计算后向散射系数。

海面局地归一化散射截面计算式（3-4）和式（3-5）中的海浪波数谱 $W(KBx, KBy)$ 使用方向谱 $[S(KB, \varphi_B)+S(KB, \varphi_B-\pi)]/2$ 代替（Hwang et al.，2010），其中，$KB=2k\sin\theta i$ 为布拉格波数，φ_B 为布拉格波矢的方向，$S(K, \varphi)$ 为二维海面波浪方向谱，φ 为相对于风向的波矢方向。

本书的复合微波后向散射理论模型主要选用 Elfouhaily 海浪谱（Elfouhaily et al.，1997）。Elfouhaily 海浪谱具体表达形式见前文或文献 Elfouhaily 等（1997），其二维波数-方向谱是风速、方向（相对于风向的角度）的函数，不同风速的顺风或逆风海浪谱见图 3-2 和图 3-3。

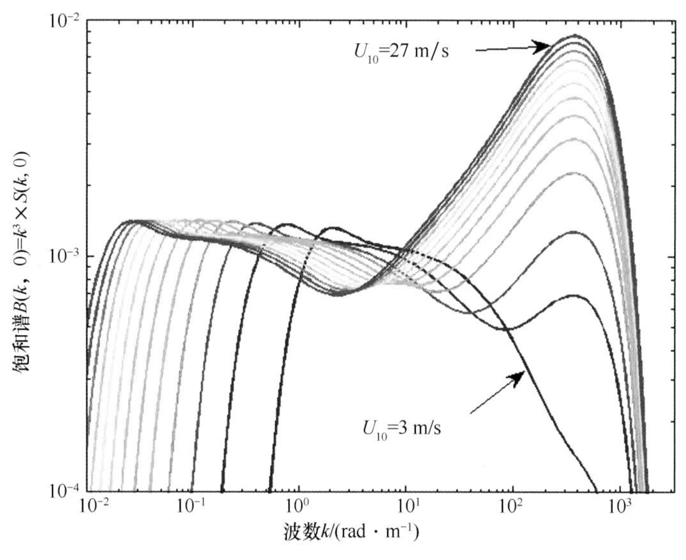

图 3-2 顺风条件下不同风速的 Elfouhaily 海浪饱和谱

风速设置为 3~27 m/s，步长为 2 m/s

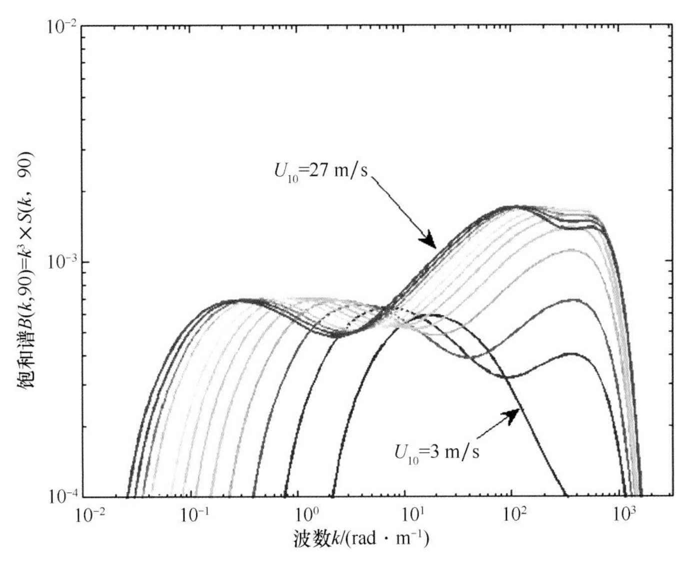

图 3-3 逆风条件下不同风速的 Elfouhaily 海浪饱和谱

风速设置为 3~27 m/s，步长为 2 m/s

复合微波后向散射理论模型由双尺度微波后向散射模型和几何光学散射模型组合而成，其数学表达可由式（3-2）至式（3-13）组合表示，其中式（3-4）和式（3-5）中的海浪谱 W 的表达式为前文式（2-1）的具体表示式。复合微波后向散射理论模型综合考虑了小入射角镜面反射的几何光学模型和布拉格散射的双尺度模型，理论上适用于所有微波频段、极化方式和入射角的微波后向散射。

3.1.2 复合微波后向散射理论模型与地球物理模型函数的比较分析

在特定的微波波段，海面风场的遥感反演使用地球物理模式函数，如 C 波段的 CMOD4（Stoffelen and Anderson，1997b）、CMOD-IFR2（Quilfen et al.，1998）、CMOD5（Hersbach et al.，2007）等；Ku 波段的 NSCAT-2（Wentz and Smith，1999）等。分别选择 C 波段（5.4 GHz）和 Ku 波段（13.4 GHz），利用复合微波后向散射理论模型计算一定观测条件（海面风速为 10 m/s，雷达波入射角为 35°）的海面后向散射系数与相应波段的地球物理模式函数计算值进行比较。本书所使用的各地球物理模式函数见附录 B。图 3-4 为本书复合微波后向散射理论模型与 CMOD5、NSCAT-2 地球模式函数模拟的海面后向散射系数及其比较关系图。

由图 3-4 海面后向散射系数随相对风向角度的变化曲线可见：①在 C 波段（5.4 GHz），雷达波入射角设定为 35°，海面风速为 10 m/s 的条件下，复合微波后向散射理论模型和 CMOD5 地球物理模式函数计算的后向散射系数接近，对于 VV 极化下的后向散射系数，其在顺风（逆风）时两模型计算的后向散射系数差异最大，为 1.2 dB（相

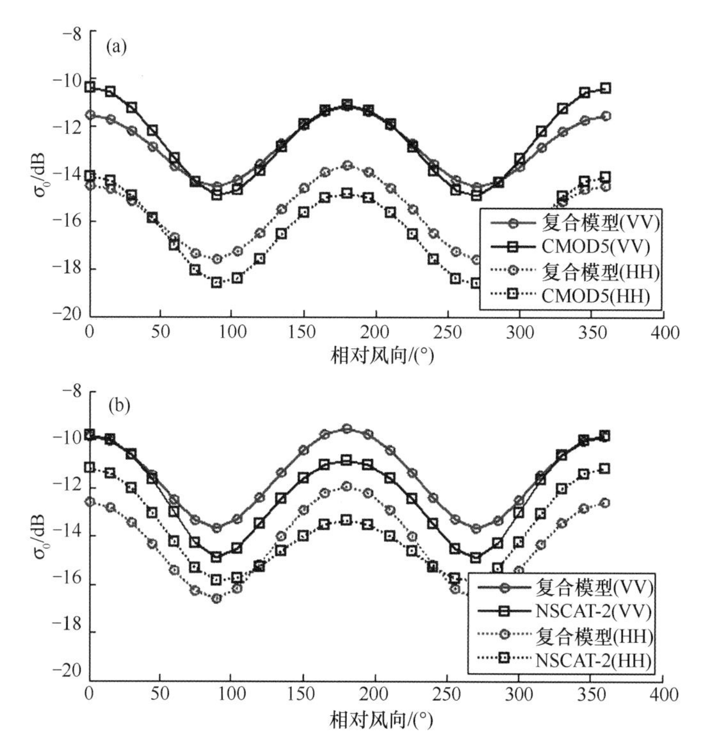

图 3-4　复合微波后向散射理论模型与地球物理模式函数比较曲线

海面风速为 10 m/s，雷达波入射角为 35°，CMOD5 的 HH 极化后向散射系数由 VV 极化散射系数乘以极化比函数（Thompson et al.，1998）得到。(a) C 波段（5.4 GHz）；(b) Ku 波段（13.4 GHz）

同入射角下，相当于 1.5 m/s 风速差异引起的散射系数变化)，对于 HH 极化的后向散射系数，在侧风条件下两模型计算的后向散射系数差异最大，为 1.1 dB。图 3-4 中展示的 CMOD5 模式函数 HH 极化散射系数是通过 CMOD5 模式函数 VV 极化散射系数乘以 Thompson 等（1998）的极化比函数获得。②在 Ku 波段（13.4 GHz），雷达波入射角设定为 35°，海面风速为 10 m/s 的条件下，复合微波后向散射理论模型和 NSCAT-2 地球物理模式函数计算的 VV、HH 极化后向散射系数的最大差异值均发生在侧风向，其中，VV 极化后向散射系数的最大差值为 1.3 dB，HH 极化的后向散射系数最大差值为 1.5 dB（相当于1.8 m/s风速差异引起的散射系数变化）。在 C 波段和 Ku 波段，10 m/s 大小的海面风速，35°的中等大小入射角条件下，复合微波后向散射理论模型和海洋遥感地球物理函数计算的后向散射理论系数差异较小，最大差异为 Ku 波段的 HH 极化计算值，其值仅为 1.5 dB，即对应的风速差不超过 1.8 m/s。由以上条件下复合微波后向散射理论模型与 CMOD5 和 NSCAT-2 地球物理模式函数比较分析可见，复合微波后向散射理论模型可模拟计算一定条件下的海面微波雷达后向散射系数。

选用不同的海浪谱模型，也会影响海面微波后向散射模型的理论计算。如选用 Fung-Lee 半经验海浪谱模型，在与图 3-4 相同观测条件（海面风速为 10 m/s，雷达波入射角为

45°）下计算的海面后向散射系数与 CMOD4、CMOD5 地球物理模式函数结果见图 3-5。

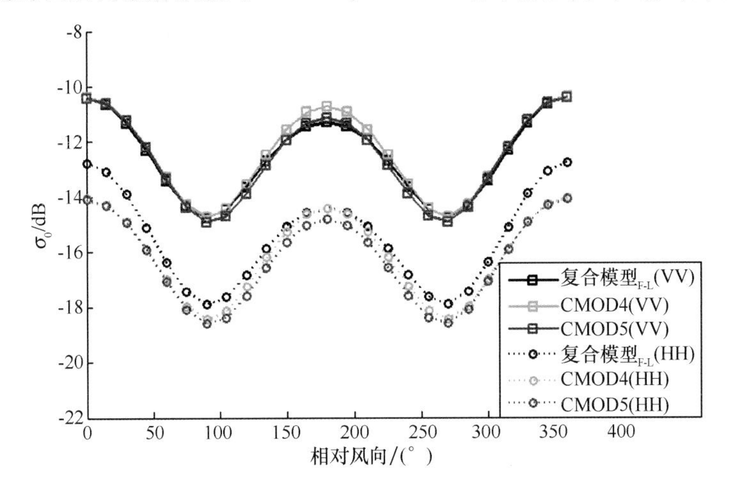

图 3-5　复合微波后向散射理论模型与 C 波段地球物理模式函数比较曲线

选用 Fung-Lee 半经验海浪谱，海面风速为 10 m/s，雷达波入射角为 35°，CMOD5 的 HH 极化后向散射系数由 VV 极化散射系数乘以极化比函数（Thompson et al.，1998）得到

对比图 3-4 和图 3-5 的比较结果，使用不同的海浪谱计算的结果有所差异。如在以上两图的对比结果中发现，在海面风速为 10 m/s、雷达波入射角为 45°的观测条件下，使用 Fung-Lee 半经验海浪谱的海面散射理论模型相对于使用 Elfouhaily 海浪谱较好。然而，后文的复合微波后向散射理论模型与 SAR 观测值对比分析时，散射模型使用 Elfouhaily 海浪谱的效果更好（具体见本书 3.2 节），因此在后文除特别说明外，理论散射模型均选用 Elfouhaily 海浪谱。

为了分析复合微波后向散射理论模型对海面微波散射的计算结果，分别计算在不同的雷达波入射角、海面风速和电磁波频率下的后向散射系数，并与地球物理模式函数进行对比分析。

假定在 10 m/s 风速大小、雷达波入射角 45°、顺风（相对风向为 0°）条件下，复合微波后向散射理论模型计算获得的 C 波段和 Ku 波段雷达后向散射系数随电磁波频率的变化曲线如图 3-6 所示。图 3-6 中还分别标示了 C 波段（5.4 GHz）的 CMOD4 和 CMOD5，Ku 波段（13.4 GHz）的 NSCAT-2 地球物理模式函数计算模拟的后向散射系数。由图 3-6 可见，地球物理模式函数基本处于复合微波后向散射模型的曲线上，仅 Ku 波段 VV 极化 NSCAT-2 的计算值和复合模型值有差距，约为 2 dB。

假定在 10 m/s 风速大小、雷达波为 C 波段、顺风（相对风向为 0°）条件下，复合微波后向散射理论模型和 CMOD4、CMOD5 计算获得的雷达后向散射系数随雷达波入射角的变化曲线如图 3-7 所示。图 3-7 中 CMOD4 和 CMOD5 的 HH 极化后向散射系数值是由其 VV 极化值乘以极化比函数获得的。从图 3-7 的结果可发现，不同雷达波入射角条件下复合微波后向散射理论模型和 CMOD4、CMOD5 等地球物理模式函数的微波后向散

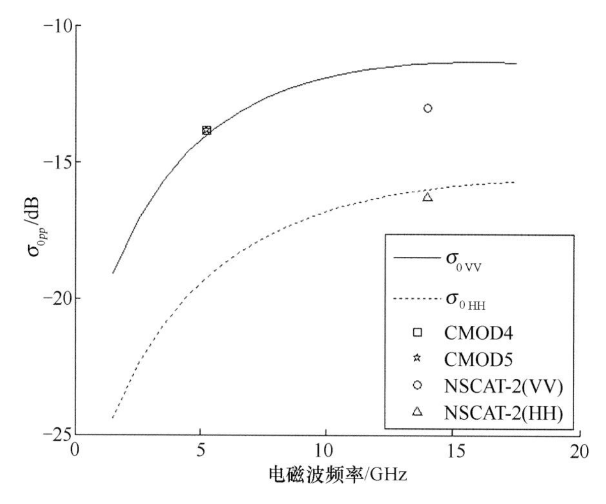

图 3-6　复合微波后向散射理论模型随电磁波频率的变化曲线

入射角为 45°，海面风速为 10 m/s，顺风

射系数计算模拟值接近。尤其是在入射角为 30°～50°时，三者 VV 极化的微波后向散射系数的一致性最好，该电磁波入射角范围和 SAR 的观测条件接近。

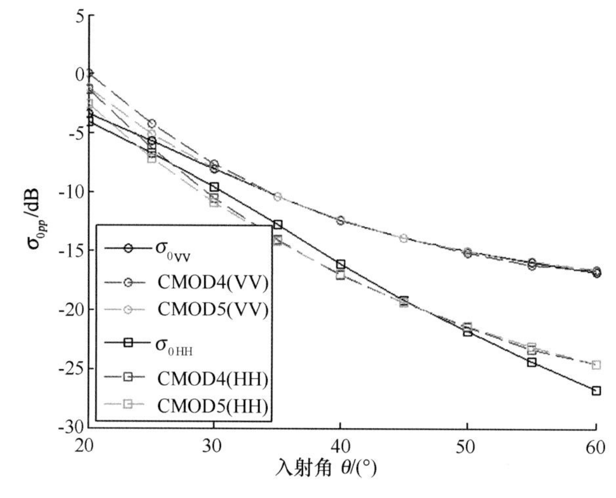

图 3-7　复合微波后向散射理论模型（C 波段）随入射角的变化曲线

海面风速为 10 m/s，顺风

假定在 45°雷达波入射角、顺风（相对风向为 0°）条件下，复合微波后向散射理论模型和 CMOD4、CMOD5 计算获得的 C 波段雷达后向散射系数随海面风速大小的变化曲线如图 3-8 所示。从图 3-8 中的比较结果可发现，在 5～20 m/s 的海面风速范围内，复合微波后向散射理论模型和 CMOD4 或 CMOD5 等地球物理模式函数的微波后向散射系数计算模拟值均接近，VV 极化时两者最大差值不超过 2 dB。

由以上散射理论模型与地球物理模式函数的比较分析结果可见，在 Ku 波段和 C 波

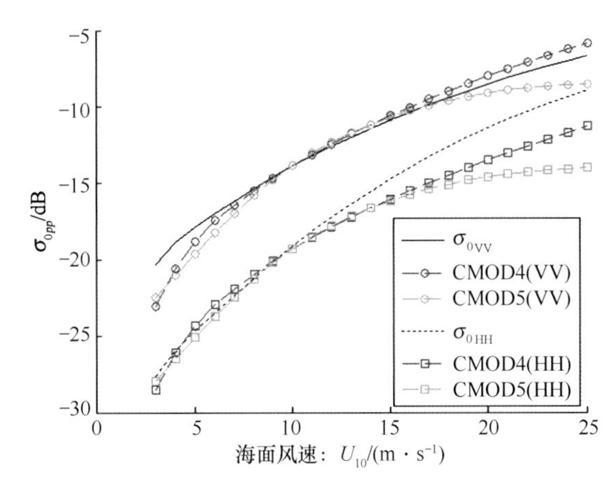

图 3-8　复合微波后向散射理论模型（C 波段）随海面风速大小的变化曲线

入射角为 45°，顺风

段，复合微波后向散射理论模型均能模拟计算一定条件下的海面微波后向散射系数，与经验的地球物理模式函数（CMOD4、CMOD5 和 NSCAT-2）的计算结果基本相同。

3.2　复合微波后向散射理论模型与 SAR、微波散射计探测

为进一步评价本书复合雷达散射模型在典型卫星遥感器观测条件下的适用性和准确度，采用实测海面风速和风向值，通过复合微波后向散射理论模型计算海面雷达后向散射系数，分别与中等入射角观测条件下的星载 SAR 和微波散射计的海面后向散射系数实际观测值进行比较分析。海面实测数据来源为位于中国南海北部（广东沿海）的气象浮标；星载 SAR 数据选用 RADARSAT-2 卫星 C 波段 SAR，微波散射计数据选用 HY-2A 卫星 Ku 波段微波散射计。

3.2.1　南海北部气象浮标现场观测数据及其处理

本书采用的南海北部浮标为广东沿海的 3 个业务气象浮标，分别位于茂名（编号：59765）、汕头（编号：59515）和汕尾（编号：59506）附近海域，其海面风速和风向测量数据每 20 min 提供一个 2 min 平均的海面风速和风向数据，在使用浮标实测风速时，利用式（3-12）将不同浮标高度下的风速值转换至 10 m 高处的海面风速，这些海面风实测数据具有业务化海洋气象的数据质量（赵中阔和刘春霞，2013），浮标除测量海面风速、风向外，还同步测量了有效波高等参数，可用于本书的海洋环境分析。3 个业务气象浮标中，汕尾浮标离岸约 20 km，其余两浮标离岸均为 100 km 以上；汕尾浮标所处位置水深约 20 m，茂名浮标和汕头浮标水深分别约为 50 m 和 120 m（图 3-9）。基于汕尾浮标离岸距离近、水深浅的原因，不适合用于散射计数据的匹配比较，本书仅利用其

对 SAR 数据匹配。

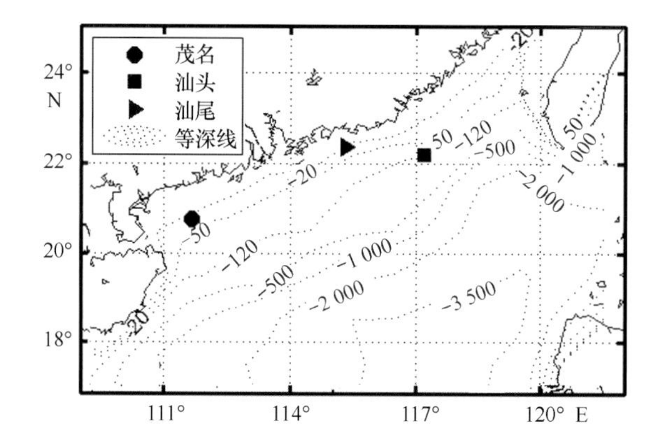

图 3-9　本书使用的气象浮标位置及南海北部水深（单位：m）分布

3.2.2　SAR 数据及其处理

本书使用的 SAR 图像资料来自加拿大 RADARSAT-2 卫星，RADARSAT-2 卫星于 2007 年 12 月 14 日发射升空，其上载有 C 波段（5.405 GHz）的 SAR，具有 HH、HV、VV 和 VH 等多极化方式和多种扫描模式（Morena et al.，2004），其详细介绍见本书"1.2.1 海上降雨星载微波遥感载荷概况"章节。本书使用的 SAR 资料均为宽幅扫描模式 VV 或 HH 极化资料图像，其空间分辨率为 100 m，刈幅宽度为 500 km，雷达波入射角范围为 20°~49°。

RADARSAT-2 卫星 SAR 数据需通过定标公式计算获得各像素点的后向散射系数（Luscombe，2008）：

$$\sigma_0 = \frac{DN^2 + B}{A} \tag{3-14}$$

式中，DN 为 SAR 图像灰度值；增益系数 A、补偿因子 B 可于 SAR 资料的查找表文件中查找获得。

剔除锋面、降雨等强海洋与大气过程的 SAR 图像后，对 SAR 图像和浮标数据进行时间匹配，即挑选 SAR 图像观测时刻前后各 0.5 h（前后共 1 h）的海面风速、风向的浮标观测数据进行平均作为与 SAR 匹配的浮标实测值，但是时间窗口用于平均的风速的方差不大于 2 m/s，风向的方差不大于 20°。受 SAR 图像资料数量限制，如 0.5 h 时间窗口内无观测数据，则将时间匹配窗口放大至 1 h。

以浮标位置为中心取半径为 5 km（直径为 10 km）的所有 SAR 像素点的后向散射系数进行平均作为 SAR 的观测值，空间窗口内用于平均的后向散射系数的方差不大于 1 dB。

图 3-10 和图 3-11 为 SAR 图像与本书所使用的气象浮标位置匹配示例，图 3-10 为

RADARSAT-2 卫星 VV 极化 SAR 图像（成像时间为 2014 年 2 月 23 日 10：29 UTC），与汕尾浮标位置匹配；图 3-11 为 RADARSAT-2 卫星 HH 极化 SAR 图像（成像时间为 2014 年 10 月 15 日 22：28 UTC），与茂名浮标位置匹配。

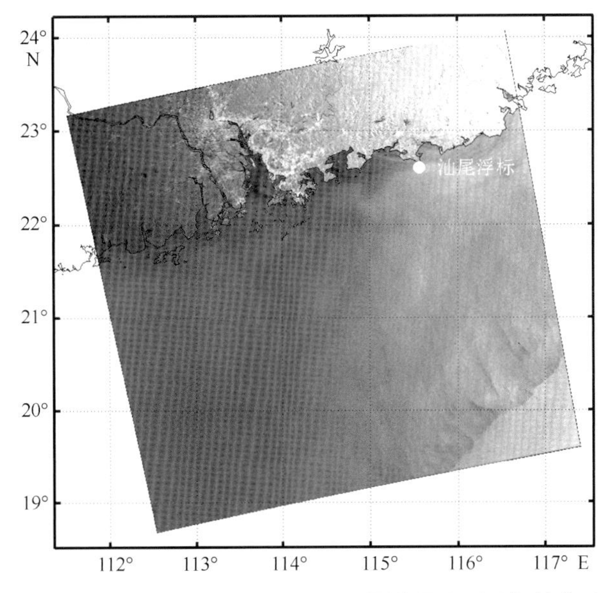

图 3-10 RADARSAT-2 卫星 SAR 图像及汕尾浮标的位置

成像时间为 2014 年 2 月 23 日 10：29 UTC，C 波段，宽幅扫描模式，VV 极化

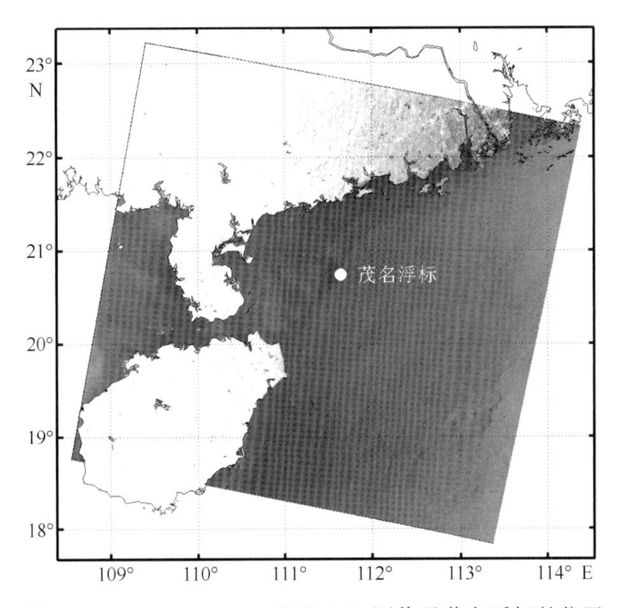

图 3-11 RADARSAT-2 卫星 SAR 图像及茂名浮标的位置

成像时间为 2014 年 10 月 15 日 22：28 UTC，C 波段，宽幅扫描模式，HH 极化

3.2.3 复合微波后向散射理论模型与 SAR 探测的比较结果与分析

上一小节的 SAR 与浮标数据时空匹配后，共获得 52 景 SAR 图像（其中 VV 极化 51 景，HH 极化 1 景）。SAR 数据成像于 2013 年 4 月 4 日至 2015 年 4 月 18 日的时间范围内，其中 2013 年 9 景，2014 年 41 景，2015 年 2 景。

使用匹配浮标的实测海面风速、风向、SAR 的雷达波入射角和方位角等信息，通过复合微波后向散射理论模型式（3-2）至式（3-13）计算该条件下的 C 波段海面雷达后向散射系数。模型理论计算的后向散射系数与 SAR 实际观测值进行比较，其比较结果如图 3-12 所示。

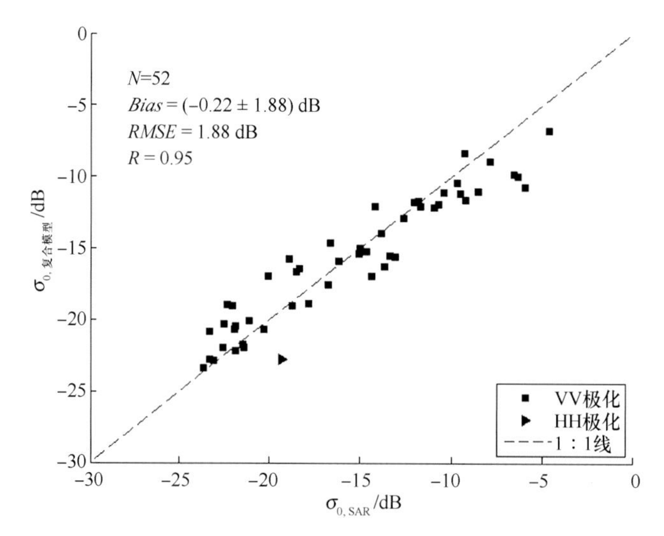

图 3-12 复合微波后向散射理论模型与 SAR 后向散射系数对比散点图

复合微波后向散射模型的输入条件采用 C 波段、RADARSAT-2 卫星 SAR 的雷达波入射角、方位角和浮标实测风速风向；每一个散点表示一景 SAR 图像与模型的对比数据；数据时间分布于 2013 年 4 月 4 日至 2015 年 4 月 18 日

图 3-12 中每一个散点即表示一景 SAR 图像的后向散射系数与模型的对比数据。图 3-12 的比对结果显示，本书复合微波后向散射理论模型计算的 C 波段后向散射系数与 SAR 图像的实际观测值的偏差为（-0.22±1.88）dB，均方根误差为 1.88 dB；两者存在高线性相关性，线性相关系数为 0.95。

复合微波后向散射理论模型计算后向散射系数，除海浪谱模型外，影响其结果的因素包括海面风速、相对风向（风向和 SAR 方位角）和雷达波入射角。分析后向散射系数偏差 $\Delta\sigma_0$($\Delta\sigma_0 = \sigma_{0模型} - \sigma_{0SAR}$) 与观测时刻的浮标有效波高、风速、相对风向（相对 SAR 方位向的风向）、雷达波入射角的关系发现，$\Delta\sigma_0$ 与海面风速、雷达波入射角和相对风向均具有一定的相关性。偏差 $\Delta\sigma_0$ 与海浪谱、有效波高、海面风速（浮标实测）、雷

达波入射角 θ 和相对风向 Ψ（实际风向减 SAR 观测方位角）的关系分别如图 3-13 至图 3-16 所示。

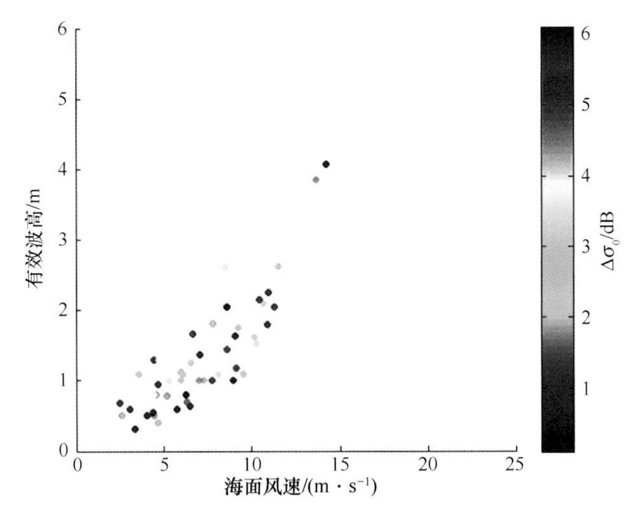

图 3-13　复合微波后向散射理论模型与 SAR 后向散射系数偏差 $\Delta\sigma_0$ 对海面风速和有效波高的依赖关系

图 3-13 为复合微波后向散射理论模型与 SAR 观测的后向散射系数偏差 $\Delta\sigma_0$ 对有效波高和海面风速的联合分布。从图 3-14 中可见，$\Delta\sigma_0$ 与有效波高和海面风速的关系不明显。

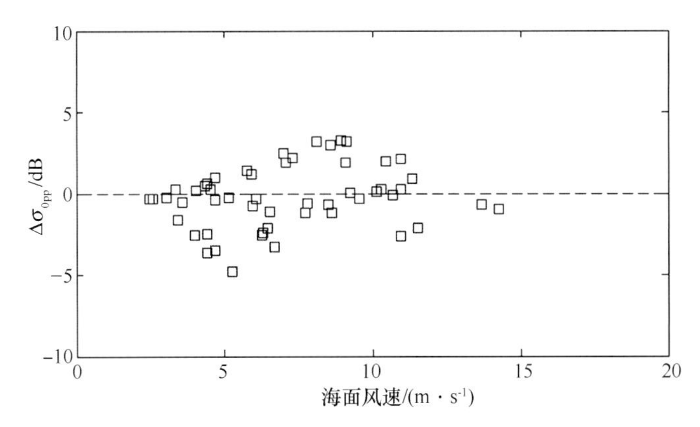

图 3-14　复合微波后向散射理论模型与 SAR 后向散射系数偏差 $\Delta\sigma_0$ 对海面风速的依赖关系

图 3-14 为复合微波后向散射理论模型与 SAR 观测的后向散射系数偏差 $\Delta\sigma_0$ 对有海面风速单一海洋环境参数的分布。从图 3-14 中可见，在海面风速小于 5 m/s 时，偏差 $\Delta\sigma_0$ 为负数值的数量较多，表明在低风速，复合微波后向散射理论模型模拟计算的后向散射系数比 SAR 实际观测值偏小。在大于 5 m/s 的海面风速范围内时，偏差 $\Delta\sigma_0$ 在正、负值均匀分布。

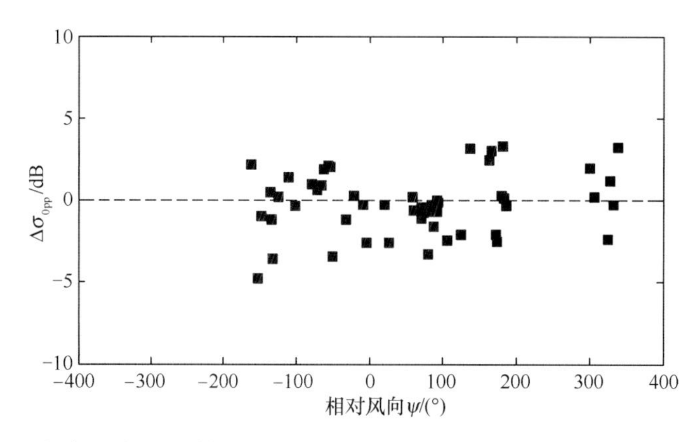

图 3-15　复合微波后向散射理论模型与 SAR 后向散射系数偏差 $\Delta\sigma_0$ 对相对风向（实际风向减 SAR 方位角）的依赖关系

图 3-15 为复合微波后向散射理论模型与 SAR 观测的后向散射系数偏差 $\Delta\sigma_0$ 对相对风向 Ψ［风向减去雷达方位角，单位：(°)］的分布。从图 3-15 中可见，偏差 $\Delta\sigma_0$ 在相对风向为 0°和 90°（即顺风向和侧风向）附近基本为负值，而在 180°（即逆风向）附近正值较多。

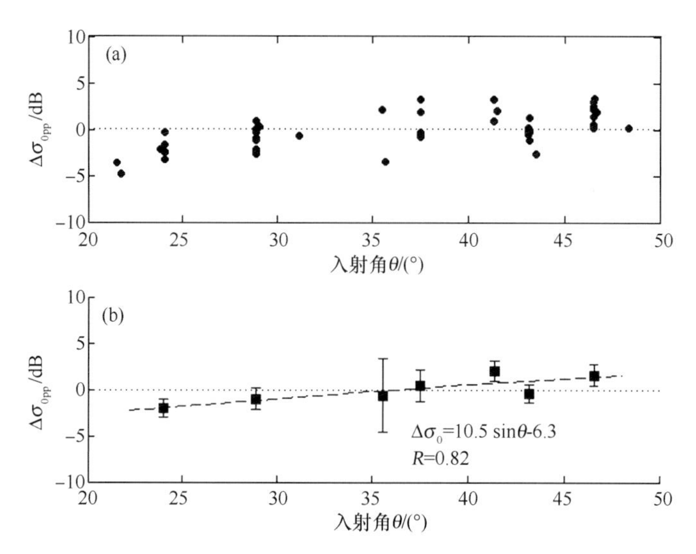

图 3-16　复合微波后向散射理论模型与 SAR 后向散射系数偏差 $\Delta\sigma_0$ 对雷达波入射角的依赖关系

（a）随雷达波入射角变化的散点分布；（b）相同入射角下的均值（标准差）随入射角变化的拟合直线

由于与 SAR 比对匹配的浮标仅为固定的浮标，卫星对地观测存在重复轨道观测，因此本书对比点的雷达波入射角主要分布在几个离散的固定入射角。对主要的雷达波入射

角下的 $\Delta\sigma_0$ 进行平均并求其标准差。各入射角下的 $\Delta\sigma_0$ 及其均值（标准差）随入射角变化情况见图 3-16。对 $\Delta\sigma_0$ 与雷达波入射角的变化进行最小二乘拟合，获得的拟合关系式为

$$\Delta\sigma_0 = 10.5\sin\theta - 6.3 \quad 单位：dB \tag{3-15}$$

拟合线性相关系数 $R=0.82$。

CMOD5 地球物理模式函数是 C 波段微波散射计和 SAR 风速反演的业务化算法，利用其计算一定海况条件下的微波后向散射系数具有较高的可靠性。以前文匹配的浮标实测海面风速、风向和 SAR 观测雷达波入射角、方位角等信息作为输入，使用 CMOD5 地球物理模式函数计算海面微波的后向散射系数，与 SAR 实际观测值进行比较，比较结果见图 3-17。图 3-17 中 HH 极化的后向散射系数由相同条件下的 VV 极化后向散射系数乘以极化比函数计算得到。

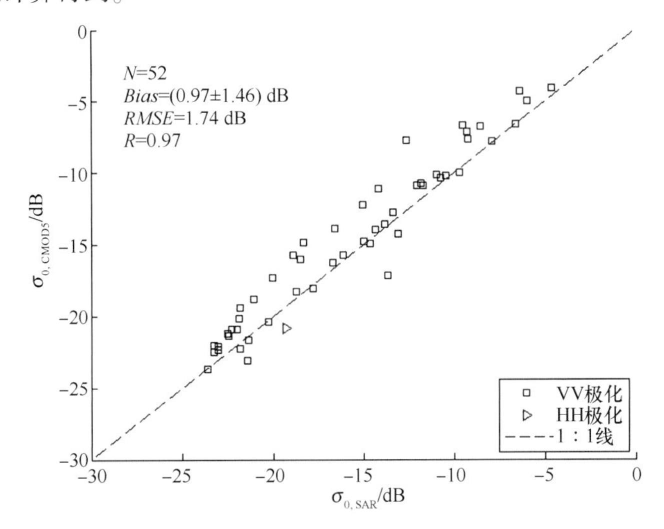

图 3-17　CMOD5 与 SAR 后向散射系数对比散点

复合微波后向散射模型的输入条件采用 RADARSAT-2 卫星 SAR 的雷达波入射角、方位角和浮标实测风速风向；每一个散点表示一景 SAR 图像与模型的对比数据；数据源同图 3-12

CMOD5 地球物理模式函数计算的 C 波段后向散射系数与 SAR 图像的实际观测值的偏差为（0.97±1.46）dB，均方根误差为 1.74 dB；两者线性相关系数为 0.97。对比图 3-12和图 3-17 的结果，仅风浪作用的海面散射，复合微波后向散射理论模型和 CMOD5 模拟计算的微波后向散射系数基本一致。

以上分析结果表明，复合微波后向散射理论模型的模拟计算结果的准确性在一定程度上取决于风速范围、相对方位角和入射角，出现该现象的原因可能是海浪谱的适用性造成的，如 Elfouhaily 海浪方向谱的方位函数采用的是顺风和逆风对称的表达式（Elfouhaily et al.，1997），因此在固定入射角和风速的条件下，后向散射系数随相对风向（相对于雷达观测方位）的变化曲线相对于侧风向（相对风向为 90°）对称，即顺风和逆风

条件下的后向散射系数相等（图 3-4），而地球物理模式函数（CMOD5 和 NSCAT-2 等）在顺风和逆风情况下微波后向散射系数不相等。由此可见，复合微波后向散射理论模型中的海浪谱形式是影响散射模型准确性的因素，采用更合理的海浪谱模型可提高复合微波后向散射模型的适用性。同时海浪谱模型也有一定的海况适用范围，如在高风速下波浪破碎、海流的影响时，仅考虑风浪谱的复合微波后向散射模型将不再适用，这也是本书在处理 SAR 卫星数据时，剔除伴随锋面、降雨等强海洋与大气过程 SAR 图像的原因。

为了讨论海浪谱对复合微波后向散射理论模型的影响，将前文的 Elfouhaily 海浪谱更换为 Fung-Lee 半经验海浪谱。重复相同的数据处理过程，获得的复合微波后向散射系数与 SAR 观测值比较。获得结果见图 3-18。

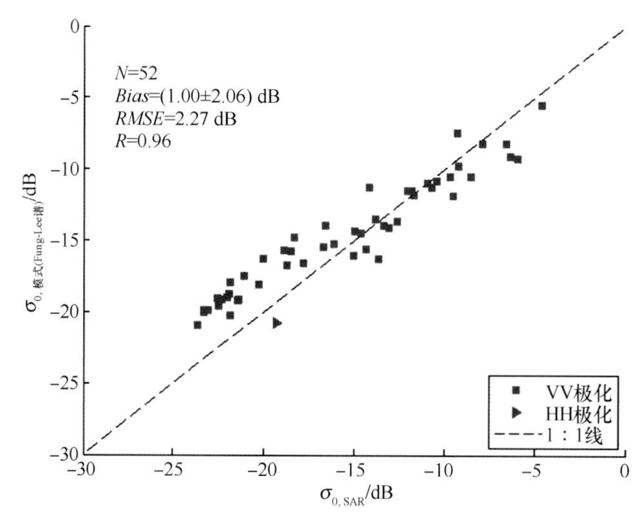

图 3-18　选用 Fung-Lee 半经验海浪谱的复合微波后向散射理论模型与 SAR 后向散射系数对比散点

复合微波后向散射模型的输入条件采用 RADARSAT-2 卫星 SAR 的雷达波入射角、方位角和浮标实测风速风向；每一个散点表示一景 SAR 图像与模型的对比数据；数据源同图 3-12

对比图 3-12 和图 3-18，图 3-12 相对于图 3-18 的对比结果较好。选用 Fung-Lee 半经验海浪谱的复合微波后向散射模型主要在散射系数较小的范围（<-15 dB）内计算的后向散射系数偏大。选用相同风速、风向和雷达观测条件（入射角和方位角），两者海浪谱的复合微波后向散射理论模型与 CMOD5 地球物理模式函数计算的结果比较见图 3-19。

由图 3-19 的对比结果显示，在 SAR 的实际观测条件下，复合微波后向散射理论模型选用 Elfouhaily 海浪谱比选用 Fung-Lee 海浪谱较好。后向散射系数高于-13 dB 时，两海浪谱用于模型计算结果基本一致，较 CMOD5 的计算值偏低；而在低于-13 dB 时，应用 Fung-Lee 半经验海浪谱的复合模型计算的后向散射系数较 CMOD5 偏高，应用 Elfouhaily 海浪谱的复合模型计算的后向散射系数和 CMOD5 基本一致。

从前文的分析结果发现，复合微波后向散射理论模型计算的后向散射系数与 SAR 实际观测值的偏差与入射角存在一定的依赖关系（图 3-16）。使用式（3-15）对复合模型

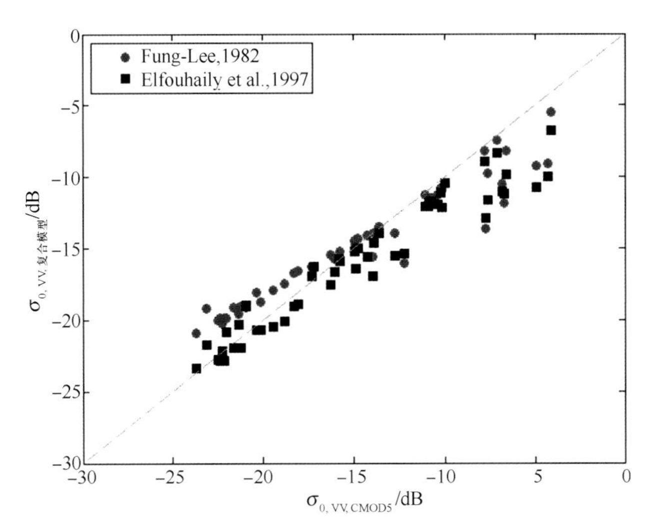

图 3-19　复合微波后向散射理论模型与 CMOD5 计算的后向散射系数对比散点

分别选用 Elfouhaily 海浪谱和 Fung-Lee 半经验海浪谱，输入的海面风速、风向、雷达入射角和方位角采用同图 3-12 相同的实际海洋环境参数和观测条件

计算的微波后向散射系数进行校正，其校正结果与 SAR 实际观测值进行比较，结果见图 3-20。

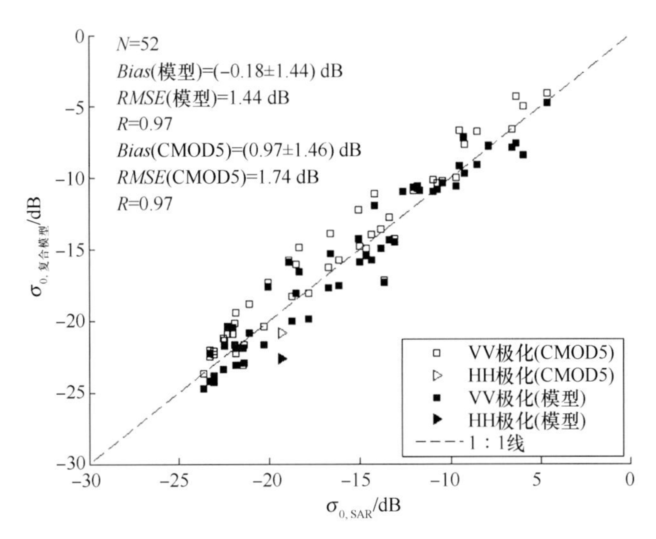

图 3-20　CMOD5、入射角修正后的复合微波后向散射理论模型后向散射系数与 RADARSAT-2 卫星 SAR 观测值对比散点图（数据源同图 3-12）

为了对比校正后复合微波后向散射理论模型和 CMOD5 地球物理模式函数，图 3-20 同时绘制了图 3-17 的结果。利用式（3-15）对复合微波后向散射理论模型计算的后向散射系数进行修正后，再与 RADARSAT-2 卫星 SAR 图像的观测值进行比较，偏差为

（-0.18±1.44）dB，均方根误差为 1.44 dB，线性相关系数为 0.97。经过后向散射系数修正后，模型计算值与 SAR 的观测值更加接近。

综合以上复合微波后向散射理论模型、CMOD5 地球物理模式函数与 SAR 实际观测的比较分析（图 3-12 至图 3-20）可见，本书的复合微波后向散射理论模型可有效地模拟计算获得风浪作用下中等入射角的 C 波段海面微波后向散射系数。

3.2.4 HY-2 微波散射计数据及其处理

为了分析本书复合微波后向散射理论模型在更多微波波段的模拟计算效果，选用 HY-2A 卫星 Ku 波段微波散射计为对比观测载荷，分析模型在 Ku 波段对海面散射的模拟计算结果。

HY-2A 卫星微波散射计是搭载于 HY-2A 的主载荷。HY-2A 卫星是中国第一颗海洋动力环境卫星，于 2011 年 8 月 12 日 6 时 57 分（北京时间）发射升空，其主载荷还包括工作于 Ku 波段（13.58 GHz）和 C 波段（5.25 GHz）的双频雷达高度计、校正辐射计和扫描微波辐射计。HY-2A 卫星的任务是使用微波载荷全天时、全天候开展海面风场、有效波高、海面高度和海表温度等海洋动力环境要素的全球探测（每天覆盖 90%以上的全球海洋）。HY-2A 卫星微波散射计工作于 Ku 波段（13.256 GHz），采用笔形圆锥扫描方式，刈幅宽度为 1 700 km（VV 极化）或 1 350 km（HH 极化），雷达波入射角为 41°（VV 极化）或 48°（HH 极化）（Jiang et al.，2012；蒋兴伟等，2013；Ye et al.，2015）。

采用前文介绍的茂名和汕头两个气象浮标与 HY-2A 微波散射计的观测数据进行时空匹配：获取浮标所在位置的 HY-2A 微波散射计的观测风矢量面元（空间大小为 25 km×25 km）内的后向散射系数、雷达波入射角、方位向和观测时间。同一个观测单元内，可存在多个入射角和后向散射系数值。对浮标观测数据进行时间上的线性插值，获得散射计观测时刻的海面风速和风向实测值。最终获得的匹配数据量为 1 824 组（VV 极化）和 2 215 组（HH 极化）。数据时间范围为 2014 年全年。

3.2.5 复合微波后向散射理论模型与微波散射计探测的比较结果与分析

以散射计的观测几何参数、浮标实测风速和风向作为输入，利用复合微波后向散射理论模型计算 Ku 波段（13.256 GHz）的后向散射系数。复合微波后向散射理论模型计算的后向散射系数与 HY-2A 微波散射计后向散射系数观测值的对比结果为：VV 极化的偏差为（0.33±2.71）dB，均方根误差为 2.73 dB，线性相关系数为 0.85；HH 极化的偏差为（-1.35±2.88）dB，均方根误差为 3.18 dB，线性相关系数为 0.83（图 3-21）。

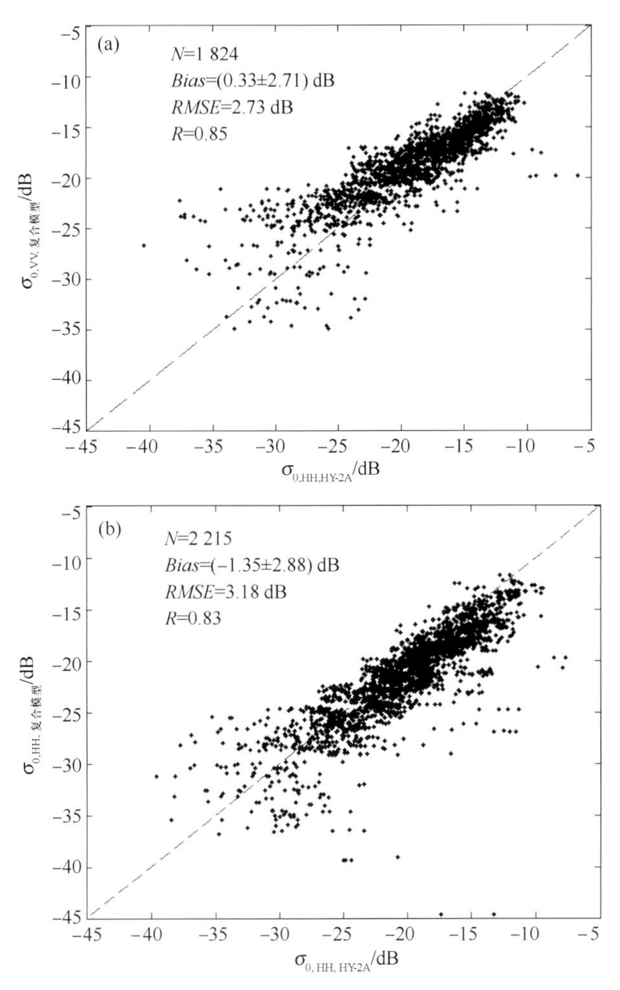

图 3-21　复合微波后向散射理论模型与 HY-2A 卫星微波散射计后向散射系数对比散点图

Ku 波段，复合微波后向散射模型的输入条件采用 HY-2A 卫星散射计的入射角、方位角和浮标实测风速风向；数据时间为 2014 年全年。(a) VV 极化；(b) HH 极化

由图 3-21 可见，复合微波后向散射理论模型与 HY-2A 微波散射计在 VV 极化下，两者后向散射系数偏差较小，平均偏差仅为 0.33 dB；而对于 HH 极化，复合微波后向散射理论模型计算的后向散射系数较 HY-2A 微波散射计偏小，达-1.35 dB，但两者相关系数高达 0.83（VV 极化的相关系数为 0.85）。为了进一步评价复合微波后向散射理论模型与 HY-2A 卫星微波散射计后向散射系数的比较结果，以相同的散射计观测参数（雷达波入射角和方位向）、浮标实测海面风速和风向作为输入，使用 NSCAT-2 地球物理模式函数计算获得的 Ku 波段后向散射系数与 HY-2A 卫星微波散射计后向散射系数进行比较（图 3-22）。

NSCAT-2 地球物理模式函数计算的后向散射系数与 HY-2A 微波散射计后向散射系数观测值的比较结果为：VV 极化的偏差为（-0.13±2.61）dB，均方根误差为 2.61 dB，

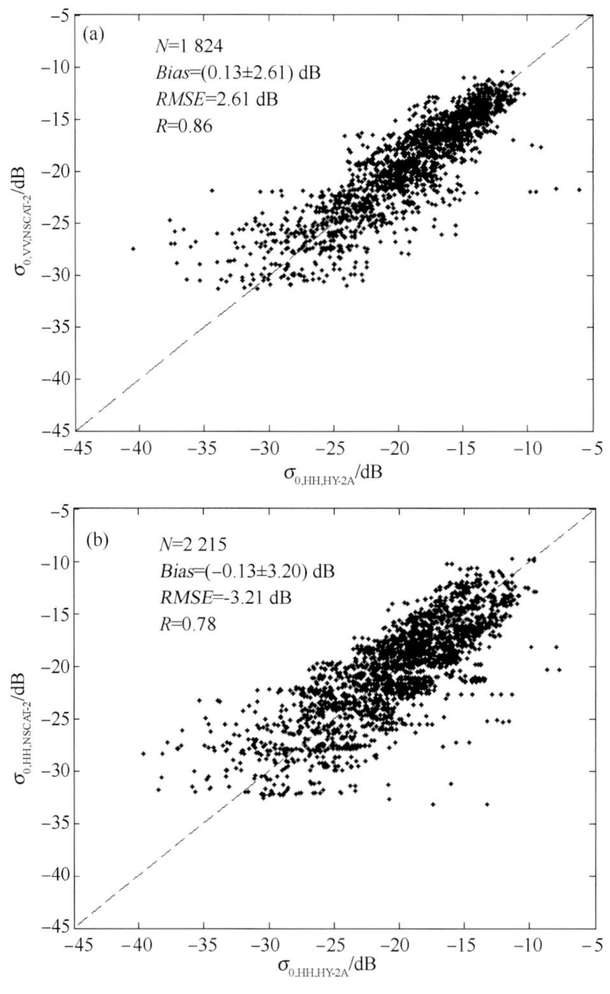

图 3-22　NSCAT-2 与 HY-2A 卫星微波散射计后向散射系数对比散点图

Ku 波段，NSCAT-2 的输入条件采用 HY-2A 卫星散射计雷达波入射角、方位角和浮标实测风速风向；数据时间为 2014 年全年，数据源同图 3-21。(a) VV 极化；(b) HH 极化

相关系数为 0.86；HH 极化的偏差为（-0.13±3.20）dB，均方根误差为 3.21 dB，相关系数为 0.78。由以上比较结果可见，在 Ku 波段，本书的复合微波后向散射理论模型和 NSCAT-2 地球物理模式函数具有基本一致的准确度（平均偏差、偏差的标准差、均方根误差的大小差异极小）；对于 HH 极化，本书复合微波后向散射理论模型较 NSCAT-2 地球物理模式函数与 HY-2A 卫星微波散射计的实际观测值更具有一致性，即比较数据具有更高的线性相关系数。

由于用于匹配比较分析的 HY-2A 卫星微波散射计和浮标数据量较大，以月为时间单位，对本书数据对比所获得的偏差分别进行时间序列分析，偏差（含偏差的标准方差）的时间序列如图 3-23 所示。

图 3-23（a）中 VV 极化的两个后向散射系数偏差时间序列的线性相关系数为 0.77，

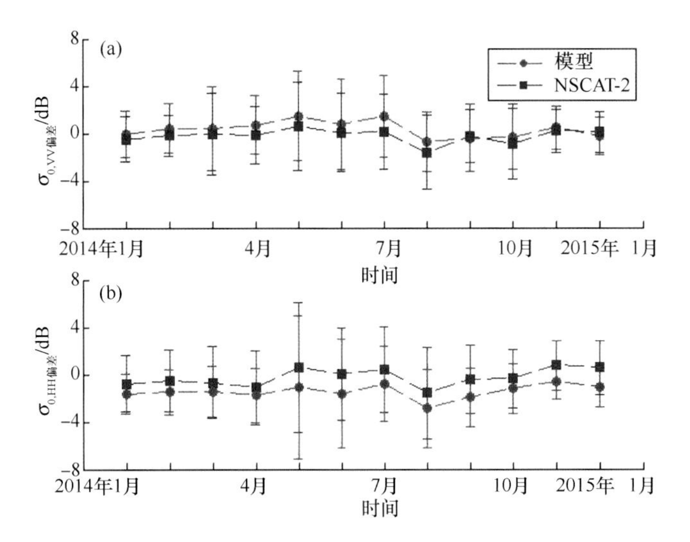

图 3-23　复合微波后向散射理论模型和 NSCAT-2 与 HY-2A 卫星微波散射计后向散射系数偏差的时间变化曲线

误差棒中心点为每月偏差的平均值、线段的半长度为偏差的标准差；(a) VV 极化；(b) HH 极化

对于 HH 极化，两偏差时间序列的线性相关系数为 0.86［图 3-23（b）］。图 3-23 的曲线也明显显示，本书复合微波后向散射理论模型和 NSCAT-2 模式函数相对于 HY-2A 散射计海面微波后向散射系数观测值偏差的时间变化趋势基本一致，偏差的标准差（图中误差棒的线段半长度）也表现基本一致的时间变化规律。由此结果也可得出相同结论：在模拟仿真 Ku 波段微波海面后向散射系数时，复合微波后向散射理论模型与 NSCAT-2 地球物理模式函数具有一致性。

3.3　复合微波后向散射理论模型与雷达高度计海面探测

为进一步评价本书复合雷达散射模型在电磁波垂直入射观测条件下的适用性和准确度，采用实测海面风速和风向值，通过复合微波后向散射理论模型计算海面雷达后向散射系数，与雷达高度计（垂直入射）实际观测进行比较分析，实测海面风速和风向数据选用美国国家浮标数据中心（National Data Buoy Center，NDBC）的实测数据。

3.3.1　NDBC 现场观测数据及其处理

NDBC 浮标可提供浮标和观测站的风速、风向和有效波高等实测数据（数据获取地址 http：//www.ndbc.noaa.gov/）。NDBC 风速数据包括浮标 cwind 风速值和 c-man 观测站观测值。海面风速数据格式为每 10 min 提供一个风速值，每个风速值为 8 min 浮标观测的平均值或 2 min 陆地观测站观测值的平均。本书使用的 NDBC 浮标和观测站分布于北美大陆沿岸、墨西哥湾和东北太平洋海域，其位置分布及其编号见图 3-24。

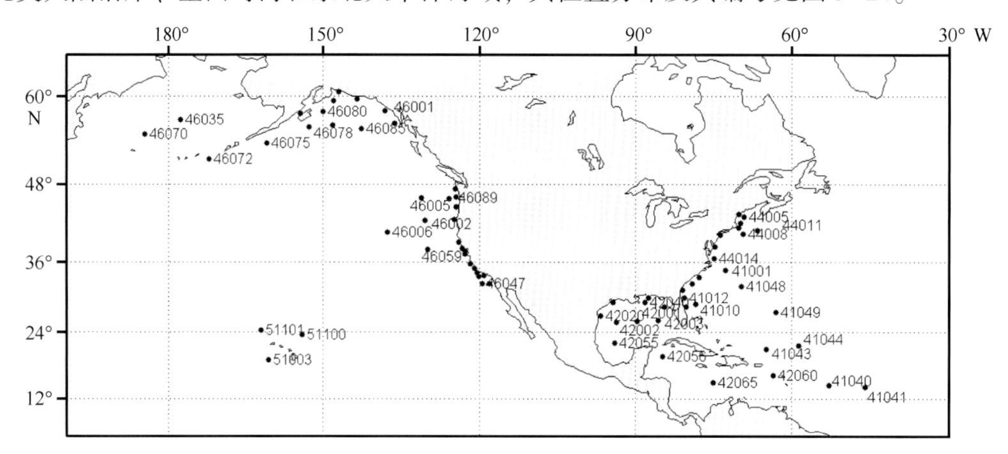

图 3-24　NDBC 浮标（观测站）位置及其站点编号

3.3.2　HY-2 和 Jason-2 高度计数据及其处理

使用美国国家航空航天局（NASA）和法国国家空间中心（CNES）联合发射的 Jason-2 卫星高度计、中国 HY-2A 卫星雷达高度计为卫星观测数据源，开展复合微波后向散射理论模型在垂直入射（即入射角为 0°）条件下与卫星观测的比较情况。

Jason-2 是 TOPEX/Poseidon（T/P）卫星、Jason-1 卫星的后继星，于 2008 年 6 月发射升空，其上搭载的双波段雷达高度计，分别工作在 Ku 波段（13.6 GHz）和 C 波段（5.3 GHz）。HY-2A 卫星雷达高度计也是工作于 Ku 波段和 C 波段的双频雷达高度计。

本书分别以 Jason-2 卫星高度计和 HY-2A 卫星雷达高度计 Ku 波段后向散射系数观测值为卫星观测值，利用 NDBC 数据为海洋实测数据，进行高度计的检验时空匹配。进行时空匹配前，采用数据质量控制方法：删除陆地、冰上和降雨条件下的观测数据，同时保证后向散射系数不高于 35 dB、有效波高处于 0~11 m 的范围内；时空匹配方法：以浮标位置为中心，选择离浮标 50 km 范围内的卫星观测点的平均值作为卫星观测值，选择卫星过境浮标位置最近点±30 min 的浮标实测值的平均值作为实测海面风速和风向（叶小敏等，2014，2015；Ye et al.，2015）。NDBC 浮标和高度计数据匹配示例见图 3-25。选用数据的时间跨度为 2011 年 10 月 1 日至 2014 年 9 月 30 日；Jason-2 卫星共获得 3 723 组有效匹配对比数据，HY-2 卫星共获得 3 375 组有效匹配对比数据。

比较分析工作开展前，还需要对 Jason-2 和 HY-2A 卫星雷达高度计后向散射系数进行校正处理。即对 Jason-2 和 HY-2A 卫星高度计 GDR/IGDR 数据产品“σ_0”记录值进行-2.61 dB 的偏差值校正。这是因为本书所用的 Chelton 和 McCabe（1985）、Witter 和 Chelton（1991）模型均是以 Geosat 卫星高度计散射系数建立的风速反演算法模型，T/P 相对于 Geosat 卫星高度计有-0.63 dB 的偏差（Blanc et al.，1996），Jason-1 相对于 T/P

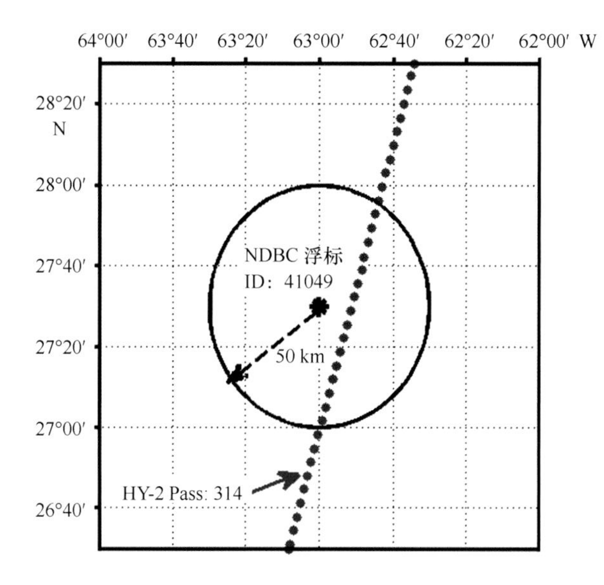

图 3-25 NDBC 浮标（站号 41049）和高度计观测数据（HY-2A 卫星 Pass：314）时空匹配示意图（图中红色观测点为选用的高度计观测点）

的偏差为-2.26 dB（Picot et al.，2008），而 Jason-2 相对于 Jason-1 的偏差为0.28 dB（Dumont et al.，2015），HY-2A 和 Jason-2 卫星高度计使用相同的风速反演算法，其散射系数已校正至同一基准上。

3.3.3 复合微波后向散射理论模型与雷达高度计海面探测比较结果与分析

不同风速条件下，卫星雷达高度计 Ku 波段后向散射系数与复合微波后向散射理论模型、地球物理模式函数比较情况见图 3-26，其中散点的纵坐标为卫星高度计的后向散射系数观测值，横坐标为该点卫星观测时刻的海面实际风速（NDBC 浮标实测值）。图 3-26展示的比较结果中，除了本书的复合微波后向散射理论模型，还选择了几何光学模型、Chelton 和 McCabe（1985）的地球物理模式函数、T/P 卫星高度计海面风速业务化反演的地球物理模式函数（Witter and Chelton，1991）以及高风速（>20 m/s）下地球物理模式函数（Young，1993）。由图 3-26 的比较结果可见，Jason-2 卫星［图 3-26（a）］和 HY-2A 卫星［图 3-26（b）］的海面散射系数观测点基本分布于各散射模型和地球物理模式函数预测线附近；Chelton 和 McCabe（1985）地球物理模式函数与 Witter 和 Chelton（1991）地球物理模式函数之间的差别主要在高风速区间（>15 m/s），它们与 Jason-2、HY-2A 卫星高度计 Ku 波段的散射系数在风速为 3~15 m/s 的区间内符合较好；而本书的复合微波后向散射理论模型和几何光学模型在低于 3 m/s 风速和高于 15 m/s 的风速情况下与高度计后向散射系数观测值符合较好。在高于 20 m/s 的高风速条件下，本书的复合微波后向散射理论模型与 Young（1993）的高风速高度计风速反演算法最接近，Young（1993）的高风速经验模型是利用模式预报与 Geosat 卫星高度计在热带风暴条件下通过经验拟合得到的。

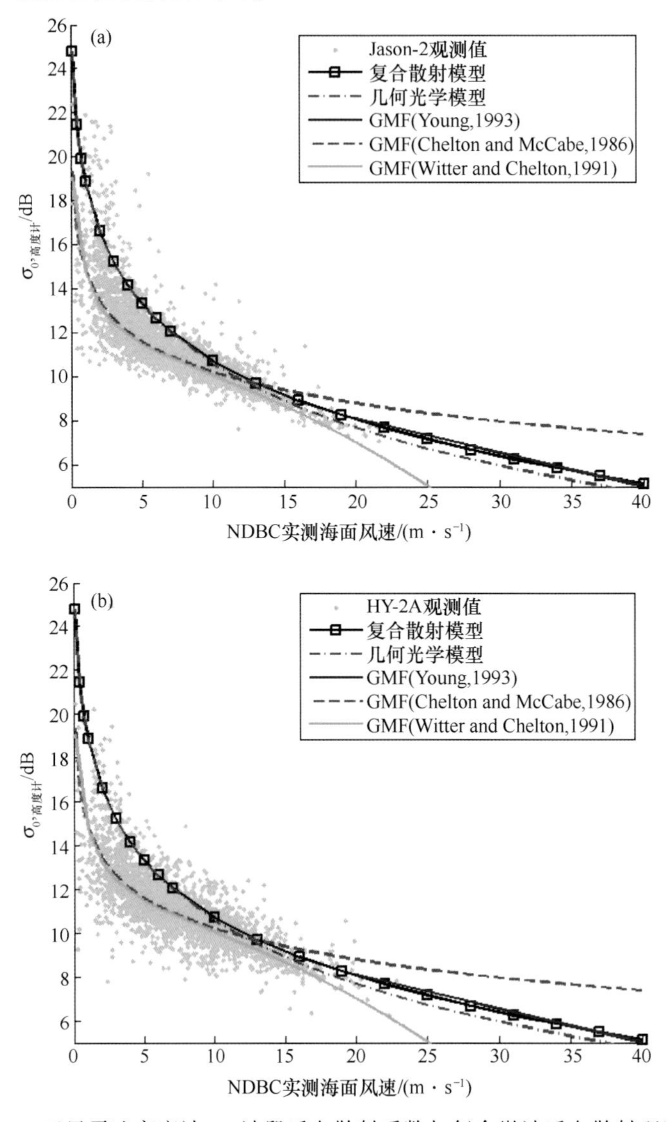

图 3-26　卫星雷达高度计 Ku 波段后向散射系数与复合微波后向散射理论模型、地球物理模式函数计算值的比较

（a）Jason-2；（b）HY-2A

以时空匹配的 NDBC 浮标海面风速和风向为输入，分别计算 Ku 波段高度计观测条件（即垂直海面入射，入射角为 0°）下的复合微波后向散射理论模型和 T/P 卫星高度计风速反演模型（Witter and Chelton，1991）的后向散射系数。它们与卫星高度计的后向散射系数观测值比较散点图见图 3-27 和图 3-28。

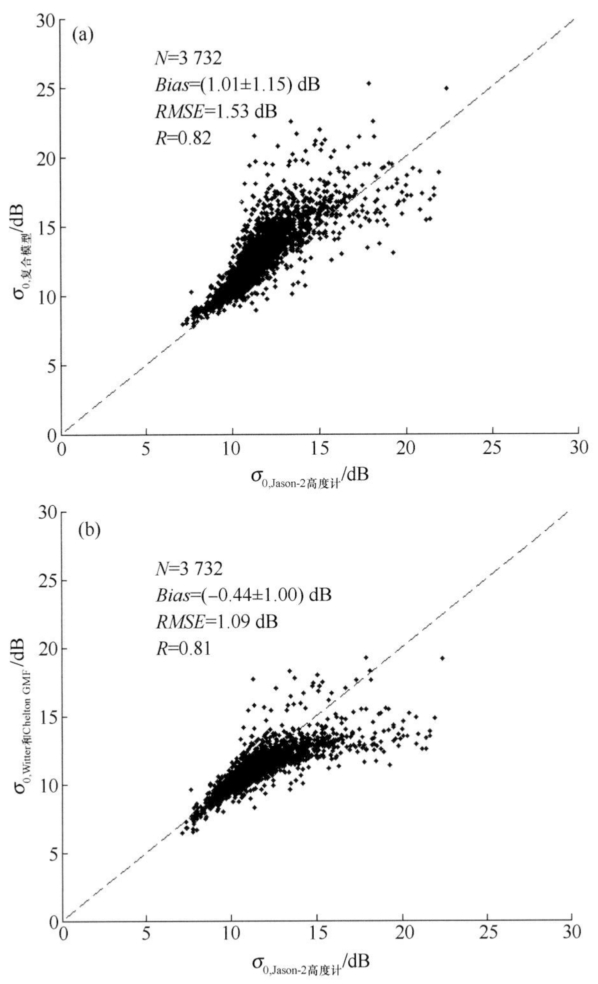

图 3-27　复合微波后向散射理论模型与 Jason-2 卫星高度计后向散射系数的对比散点图
Ku 波段，模型输入采用 NDBC 浮标的实测风速风向；数据时间分布于 2011 年 10 月 1 日至 2014 年 9 月 30 日；
（a）复合微波后向散射理论模型；（b）Witter 和 Chelton（1991）地球物理模式函数

复合微波后向散射理论模型 Ku 波段后向散射系数计算值与 Jason-2 卫星高度计观测值对比，其偏差为（1.01±1.15）dB，均方根误差为 1.53 dB，线性相关系数为 0.82；Witter 和 Chelton（1991）地球物理模式函数的计算值与 Jason-2 对比，偏差为（−0.44±1.00）dB，均方根误差为 1.09 dB，线性相关系数为 0.81。复合微波后向散射理论模型 Ku 波段后向散射系数计算值与 HY-2A 卫星高度计观测值对比，偏差为（1.12±1.29）dB，均方根误差为 1.71 dB，线性相关系数为 0.77；Witter 和 Chelton（1991）地球物理模式函数的计算值与 HY-2A 高度计观测值对比，偏差为（−0.24±1.00）dB，均方根误差为 1.03 dB，线性相关系数为 0.76。从以上的对比结果可见，Jason-2、HY-2A 卫星高度计 Ku 波段的海面后向散射系数与模型计算值均具有较高的准确度和一致性。无论是利用 Jason-2 卫星还是 HY-2A 卫星对模型计算值精度进行评价检验，结果均显示复合微

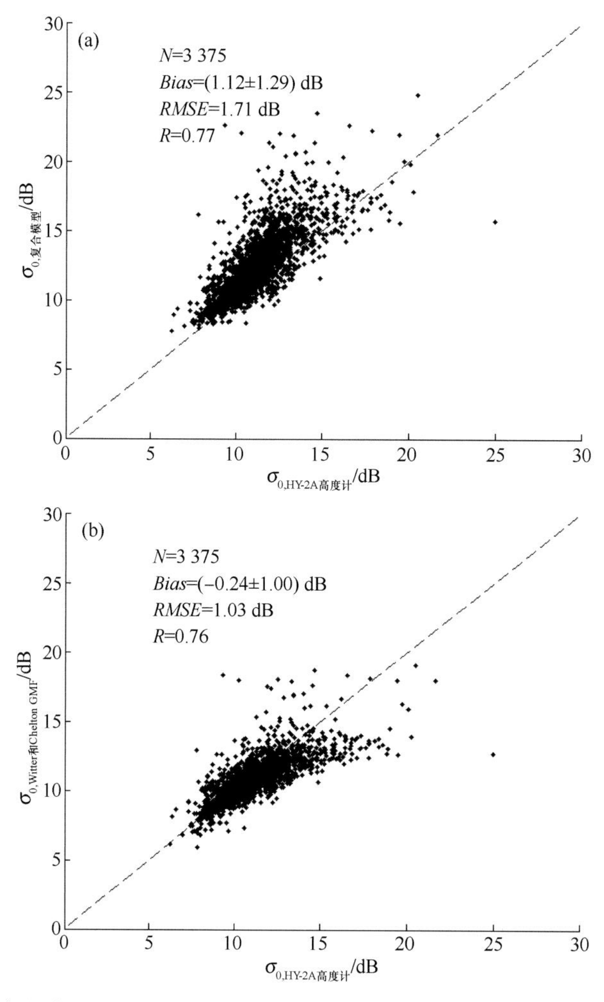

图 3-28　复合微波后向散射理论模型与 HY-2A 卫星高度计后向散射系数对比散点图

Ku 波段，模型输入采用 NDBC 浮标的实测风速风向；数据时间分布于 2011 年 10 月 1 日至 2014 年 9 月 30 日，数据源与图 12 相同。（a）复合微波后向散射理论模型；（b）Witter 和 Chelton（1991）地球物理模式函数

波后向散射理论模型、Witter 和 Chelton（1991）地球物理模式函数两者计算的后向散射系数差异较小，差异不超过 0.29 dB［复合微波后向散射理论模型与 HY-2A 高度计后向散射系数偏差的标准差为 1.29 dB，Witter 和 Chelton（1991）模型与 HY-2A 高度计后向散射系数偏差的标准差为 1.00 dB，两者差异为 0.29 dB］。同时图 3-27 和图 3-28 的比对结果还显示，Jason-2 卫星和 HY-2A 卫星对海面后向散射系数的观测结果基本一致。

3.4　复合微波后向散射理论模型与微波载荷探测比较的讨论与分析

本章的思路是以卫星微波遥感器的海面后向散射观测值作为真值，比较检验复合微波后向散射理论模型对微波后向散射系数的计算准确性。卫星遥感器后向散射系数的定标要求较高，因此，本书同时使用成熟的业务化海面风场反演的地球物理模式函数与卫星遥感器观测值进行对比，间接证明本书复合微波后向散射理论模型与卫星遥感器比较结果的可靠性。

综合比较本章复合微波后向散射理论模型、地球物理模型函数在卫星遥感器观测条件下的计算值与SAR、微波散射计、雷达高度计观测值进行比较的统计结果（表3-1），发现复合微波后向散射理论模型与卫星雷达高度计的Ku波段后向散射系数观测值对比的均方根误差*RMSE*最小（Jason-2为1.53 dB，HY-2A为1.71 dB），与HY-2A卫星Ku波段微波散射计HH计划的后向散射系数观测值对比的均方根误差*RMSE*最大（3.18 dB），但它和Ku波段的NSCAT-2地球物理模式函数的比较结果相当（3.21 dB）。

尽管表3-1中各传感器后向散射系数观测值与本书的复合微波后向散射理论模型或相应的地球物理模式函数比较所获得的比较统计值有所差异，但其反演的海面风速产品均可达到应用需求指标（均方根误差不超过2 m/s）。如对本书匹配的Jason-2卫星高度计和HY-2A微波散射计的海面风速产品进行检验，其结果见图3-29。

图3-29中Jason-2卫星高度计海面风速是相对NDBC浮标2011年10月1日至2014年9月30日的检验结果；HY-2A微波散射计海面风速大小是相对于南海北部气象浮标2014年全年的检验结果；Jason-2高度计和HY-2A微波散射计的海面风速的均方根误差分别为1.71 m/s和1.58 m/s，均满足优于2 m/s的应用指标。需要说明的是，图3-29（a）中Jason-2卫星高度计海面风速是根据其后向散射系数，使用Witter和Chelton（1991）模型反演获得的。不同的模式函数反演获得的高度计海面风速反演精度有所差异（陈戈等，1999a；1999b），如Jason-2高度计GDR原始卫星数据记录的海面风速是利用后向散射系数和有效波高双参数反演得到，则其检验的均方根误差为1.46 m/s。由以上卫星遥感器海面风速产品的真实性检验结果可见，文中使用的微波遥感器的海面微波后向散射系数测量值是可靠的，其与地球物理模式函数比较获得的偏差*Bias*（含平均偏差和偏差的标准差）、均方根误差*RMSE*和线性相关系数*R*等统计量的数值可作为参考值以评价复合微波后向散射理论模型。

图3-26的高度计后向散射系数对比结果相对于SAR（图3-12）和微波散射计（图3-21和图3-22）的对比结果偏离程度较高，然而其定量检验值（*RMSE*）数值最小，且其海面风速反演产品精度均能满足应用指标的要求（$RMSE<2.0$ m/s）。又由表3-1中的统计数值可见，复合微波后向散射理论模型、地球物理模式函数分别与卫星微波传感器后向散射系数比较的统计量结果基本一致，说明本书的复合微波后向散射理论模型可有效地仿真计算C波段SAR、Ku波段微波散射计和Ku波段高度计等各卫星微波遥感器观测条件下的海面后向散射系数。

表 3-1 复合微波后向散射理论模型与卫星微波遥感器观测比较结果

卫星	遥感器	波段（频率）	数据量 N	复合模型			地球物理模式函数（GMF）				实测海面风场来源
				Bias /dB	*RMSE* /dB	*R*	*Bias* /dB	*RMSE* /dB	*R*	GMF 名称	
RADARSAT-2	SAR	C 5. 405 GHz	52（VV 极化 51，HH 极化 1）	-0. 22±1. 88	1. 88	0. 95	0. 97±1. 46	1. 74	0. 97	CMOD5	南海北部气象浮标
HY-2A	散射计	Ku 13. 256 GHz	1 824（VV 极化）	0. 33±2. 71	2. 73	0. 85	-0. 13±2. 61	2. 61	0. 86	NSCAT-2	
			2 215（HH 极化）	-1. 35±2. 88	3. 18	0. 83	-0. 13±3. 20	3. 21	0. 78		
Jason-2	高度计	Ku 13. 6 GHz	3 732	1. 01±1. 15	1. 53	0. 82	-0. 44±1. 00	1. 09	0. 81	Witte 和 Chelton（1991），T/P 卫星高度计风速反演业务化算法	NDBC 浮标
HY-2A	高度计	Ku 13. 58 GHz	3 375	1. 12±1. 29	1. 71	0. 77	-0. 24±1. 00	1. 03	0. 76		

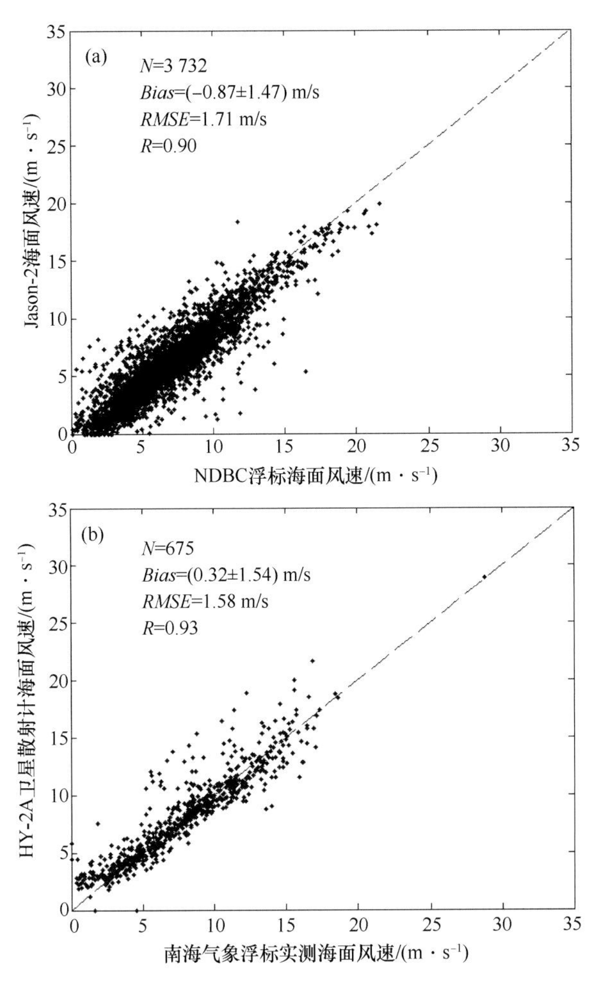

图 3-29 卫星遥感海面风速产品真实性检验结果

（a）Jason-2 卫星高度计，利用 NDBC 浮标检验，数据时间为 2011 年 10 月 1 日至 2014 年 9 月 30 日；（b）HY-2A 卫星微波散射计，利用南海北部气象浮标检验，数据时间为 2014 年全年

第4章　海上降雨微波散射机理及其模型修正

对降雨条件下的海面进行微波遥感探测时，接收到的回波信号不仅受海面微波散射的影响，还受到大气中雨滴的散射和吸收的影响。使用不同降雨率下的实测和遥感数据，结合经验拟合的方法可获得微波后向散射系数与降雨率的关系。然而，受到观测数据量和观测方式的限制，一般情况下经验模型仅在建模所使用数据的海洋大气条件和观测方式范围内有较高的精度；利用微波散射理论，也可建立微波散射理论模型来仿真模拟降雨条件下的微波散射，然而，理论模型受到模型理论简化带来的误差影响。本章在介绍、对比已有典型海上降雨微波散射模型和对散射物理模型分析的基础上，对海上降雨微波散射模型进行修正，并利用SAR数据对修正模型进行实例分析和验证。

4.1　海上降雨微波探测散射源分析

总结相关参考文献（Moore et al.，1979；1997；Ulaby et al.，1982；Atlas，1994a；1994b；Wetzel，1987；Bliven et al.，1997；Melsheimer et al.，2001；Aplers and Melsheimer，2004；Xu et al.，2015；Zhang et al.，2016；Liu et al.，2016a；2016b；Alpers et al.,2016），海上降雨条件下对雷达后向散射起主要影响作用的因素包括：①大气中雨滴对微波的散射（包括入射波与海面散射波的散射）与衰减吸收；②海面粗糙度的改变（海面背景风场、降雨携带的下沉气流对海面风场的改变）；③雨滴在水上表层产生的湍流对重力短波的抑制；④雨滴撞击水面产生的环形波、溅射体的散射（图4-1）。

(a)冠(坑)

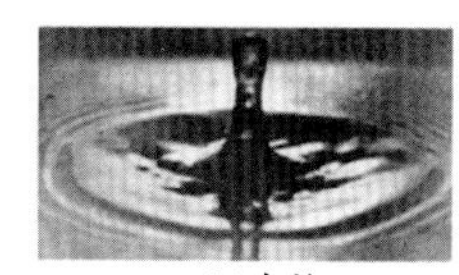

(b)水柱

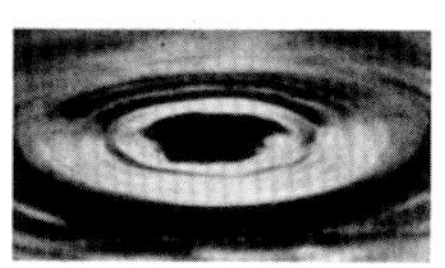

(c)环形波

图4-1　降雨雨滴落入水表面作用结果示意图

引自Contreras等（2003）

入射海洋表面的微波经海面后向散射（σ_{surf}）进入天线雷达，在入射和返回过程中经历了大气中雨滴的双程吸收（α_{atm}），同时微波在未到达海面前也直接受大气中的雨滴的体散射而部分返回了雷达天线（σ_{atm}）。海洋表面的微波散射包括海面风场（σ_{wind}）和降雨雨滴（σ_{rian}）对海面的作用产生的后向散射。降雨雨滴降落到海面产生的后向散射包括雨滴环形波的作用和溅射体散射的总和。海上降雨的微波探测散射源及关系如图 4-2 所示。

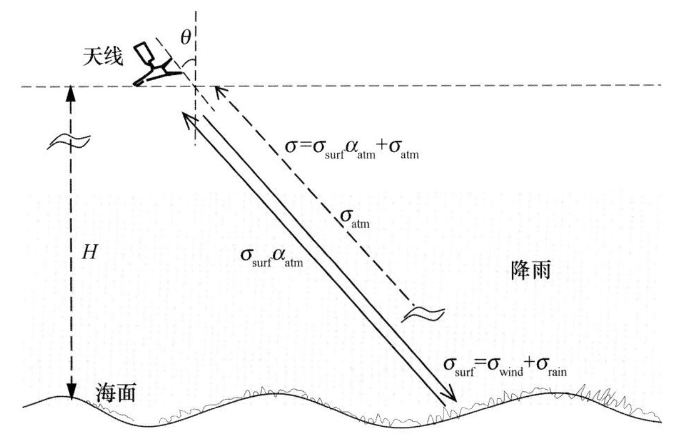

图 4-2　海上降雨微波探测散射源及关系示意图

不同降雨率、不同微波波段下各个散射源对海上降雨微波后向散射的总散射量的贡献比例可能不尽相同。其散射源可分为两类：一是大气中雨滴对微波的散射和吸收；二是海洋表面对微波的散射（包括海面风生波和雨滴环形波的布拉格散射、雨滴海面溅射体的散射）。大气中雨滴对微波的散射和吸收主要受雨滴的形态和数量（即降雨率）影响。

Liu 等（2016a）通过实验室降雨水槽的实验模拟海上降雨发现：雨滴降落撞击水面产生的溅射体是海上降雨微波后向散射的主要散射体。其实验结果显示，雨滴产生的溅射体高度可达 23 mm，直径可达 3. 8 mm，而降雨雨滴撞击水面点周围产生的环形波的平均波长为 25 mm，波谷到波峰的平均高度为 5 mm（Liu et al.，2016a 中的图 5 和图 6）。由此可见，实验室模拟的结果显示雨滴在海面的溅射体相比于环形波在降雨区域占绝对统治地位，但该结果是在无风条件下的实验室模拟结果。Liu 等（2016a）还分析说明理论和实验（Donelan and Hui，1990）研究显示稳定的 Stokes 波列的最大斜率为 0. 14，因此，波长为 5. 3 cm 的 C 波段的布拉格波具有 0. 7 cm 的波谷至波峰高度，该高度远低于溅射体 23 mm 的高度。根据这些信息，估算的溅射体的表面积和体积分别比 C 波段布拉格波面积和体积大 12 倍和 130 倍。

在非降雨区，微波探测海面的主要散射是海面短波的布拉格波散射。而如图 1-5 以及后文的图 4-11、图 4-19 和图 4-24 均显示，在降雨区和非降雨区之间具有明显的边界，且在降雨达到一定的强度时，海面后向散射反而减弱［见后文曲线图 4-14（a）、图 4-22（a）和图 4-27］。该现象表明，在降雨区，降雨溅射体（坑）等是微波散射的主要贡献源。然而，由于布拉格共振机制，环形波和正常的风驱短波仍然可能十分重要。因此，需同时考虑计算海面短波的布拉格散射、降雨在海面的溅射体散射和大气中雨滴对微波的散射和吸收，以分析研究海上降雨定量探测的微波散射模型。

4.2 海上降雨微波散射模型介绍与分析

目前，海上降雨微波散射模型包括遥感观测数据的经验拟合模型和微波散射理论模型，其中理论模型有降雨环形波的布拉格散射模型和降雨的海面溅射物散射模型。本节分别介绍这些典型模型并进行比对分析。

4.2.1 遥感观测数据经验拟合模型

海上降雨微波散射的遥感观测数据经验拟合模型是利用海上降雨条件下的海面后向散射系数和降雨率遥感观测数据进行经验拟合，获得降雨率与微波探测后向散射系数间的定量关系。Nie 和 Long（2007）、Nie（2008）使用 ERS-1 和 ERS-2 卫星 C 波段（5.3 GHz）散射计（ESCAT）的海面后向散射系数数据、ECMWF 数据和 TRMM 卫星 PR 的降雨率数据匹配拟合获得不同降雨率与 C 波段 VV 极化海面后向散射系数的关系。Liu 等（2016a）利用一景 ENVISAT 卫星 C 波段（5.331 GHz）VV 极化的 ASCAR 图像数据和天气雷达观测数据建立了降雨率与降雨条件下后向散射系数与降雨率的经验关系。由于本书主要使用 RADARSAT-2 卫星 C 波段 SAR 卫星开展研究分析工作，因此，本书分别重点介绍与分析 Nie 和 Long（2007）、Liu 等（2016a）的遥感观测数据经验拟合模型。

4.2.1.1 Nie 和 Long（2007）经验模型

Nie 和 Long（2007）经验模型是将大气中雨滴的吸收（α_{atm}）、散射（σ_{atm}）和降雨在海表面产生的净散射（σ_{rain}）拟合为降雨率 R 的多项式：

$$10\lg(-10\lg[\alpha_{\mathrm{atm}}(\theta)]) = \sum_{n=0}^{N} x_a(n) R_{\mathrm{dB}}{}^{n} \quad (4-1)$$

$$10\lg[\sigma_{\mathrm{atm}}(\theta)] = \sum_{n=0}^{N} x_r(n) R_{\mathrm{dB}}{}^{n} \quad (4-2)$$

$$10\lg[\sigma_{\mathrm{rain}}(\theta)] = \sum_{n=0}^{N} x_{sr}(n) R_{\mathrm{dB}}{}^{n} \quad (4-3)$$

以上 3 式中，R_{dB} 为单位为 dB 的降雨率，即 $R_{\mathrm{dB}} = 10\lg(R)$；$x_a(n)$、$x_r(n)$ 和 $x_{sr}(n)$ 为模型拟合的多项式系数；当 $N=1$ 时，以上 3 式表示降雨微波散射模型为线性模型，当 $N=2$ 时，则降雨微波散射模型为二次项模型。模型系数 $x_a(n)$、$x_r(n)$ 和 $x_{sr}(n)$ 的值分别见表 4-1。

表 4-1　海上降雨 C 波段微波后向散射经验模型系数（Nie and Long，2007）

θ/（°）	N	$x_a(0)$	$x_a(1)$	$x_a(2)$	$x_r(0)$	$x_r(1)$	$x_r(2)$	$x_{sr}(0)$	$x_{sr}(1)$	$x_{sr}(2)$
40~44	1	-18.23	1.25	—	-41.79	1.33	—	-27.45	0.68	—
	2	-18.23	1.25	-0.000 60	-41.76	1.33	-0.000 30	-27.78	0.7	0.000 4
44~49	1	-17.89	1.25	—	-41.46	1.32	—	-27.59	0.74	—
	2	-17.79	1.24	-0.001 6	-41.44	1.32	-0.000 20	-27.85	0.74	0.003 1
49~53	1	-17.44	1.26	—	-41.03	1.33	—	-28.13	0.769	—
	2	-17.39	1.25	-0.000 81	-41.07	1.33	0.000 90	-28.24	0.74	0.003 1
53~57	1	-17.12	1.25	—	-40.69	1.32	—	-28.582	0.846	—
	2	-17.05	1.24	-0.001 20	-40.66	1.32	-0.000 60	-29.14	0.773	0.011 6

选用表 4-1 中线性（N=1）或二次项（N=2）的系数分别利用式（4-1）、式（4-2）和式（4-3）计算大气中雨滴的吸收（α_{atm}）、散射(σ_{atm}）和降雨在海表面产生的净散射（σ_{rain}）项，再利用 CMOD5 地球物理模式函数计算由于海面风而产生的海面后向散射 σ_{wind}，最后获得降雨条件下 C 波段 VV 极化的海面微波总后向散射系数为

$$\sigma = \sigma_{surf}\alpha_{atm} + \sigma_{atm} \tag{4-4}$$

其中，

$$\sigma_{surf} = \sigma_{wind} + \sigma_{rain} \tag{4-5}$$

同时定义降雨的有效后向散射 σ_{eff} 为

$$\sigma_{eff} = \sigma_{rain}\alpha_{atm} + \sigma_{atm} \tag{4-6}$$

即剔除海面风的影响，仅由降雨产生的海面散射经大气中雨滴吸收和散射所形成的后向散射。根据表 4-1 中的模型系数，计算不同雷达波入射角 θ 下的 σ_{eff} 随降雨率变化曲线见图 4-3。

表 4-1 仅给出了最低入射角为 40°的模型系数，当雷达波入射角小于 40°时，缺少模型系数。由图 4-3 可见，不同入射角下，相同降雨率下的海上降雨的有效后向散射系数相差不大。因此，本书当涉及雷达波入射角小于 40°使用 Nie 和 Long（2007）经验模型时，采用表 4-1 中雷达波入射角范围为 40°~44°的模型系数。

4.2.1.2　Liu 等（2016a）经验模型

Liu 等（2016a）经验模型是利用同步的 SAR 和天气雷达建立的海上降雨散射经验拟合模型。其使用的 C 波段 SAR 数据为 VV 极化。获得降雨条件下的海面后向散射系数表示为

$$Z = 200R^{1.6} \tag{4-7}$$

$$L = 0.001Z^2 - 0.524Z + 68.5 \tag{4-8}$$

$$\sigma_0 = \frac{a}{b - \cos\left(2\pi c\dfrac{L}{\lambda}\right)} \tag{4-9}$$

以上3式中，R 为降雨率，单位为mm/h；Z 为反射率因子，单位为dB；L 为雨滴间距离，单位为mm；λ 为雷达波波长；拟合系数 $a = 0.03125$，$b = 1.25$，$c = 1.23$。该模型是在雷达波入射角 θ 为38°，降雨区海面风速为6 m/s的条件下建立的。其中参数 $c = 1.23$ 正好等于 $2\sin\theta$。

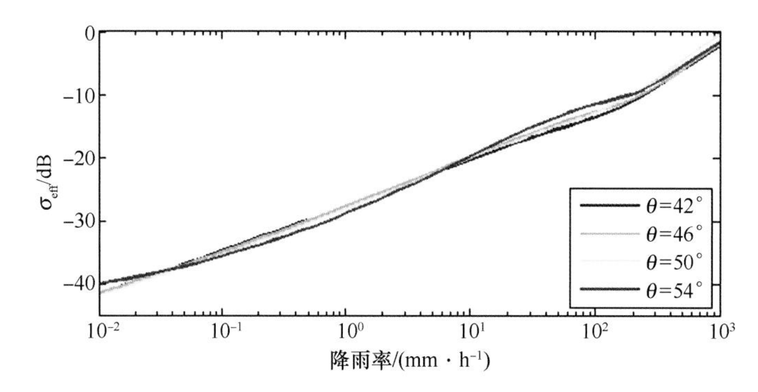

图4-3　不同雷达波入射角下海上降雨有效后向散射 σ_{eff} 随降雨率的变化曲线

4.2.2　环形波布拉格散射模型

降雨雨滴降到海面撞击水面将产生环形波（Bliven et al., 1997；Craeye et al., 1999；Lemaire et al., 2002；Contreras et al., 2003；Contreras and Plant, 2006；Zhang et al., 2014），环形波效果如图4-1（c）所示。降雨环形波谱和风生波谱线性叠加在一起，替代微波后向散射计算式（3-1）的风生波谱，即将式（3-1）修正为（Bliven et al., 1997；Contreras and Plant, 2006；Xu et al., 2015；Zhang et al., 2016）：

$$\sigma_{0,\ pq} = 16\pi k^4 \cos^4\theta \,|g_{pq}(\theta)|^2 [W(2k\sin\theta,\ \varphi) + W_{rain}(R,\ 2k\sin\theta)] \quad (4-10)$$

式中，W_{rain} 为降雨在水面产生的环形波谱，是降雨率 R 和波数 k 的函数。使用降雨环形波谱和风生波谱线性叠加替代风生波谱后，再利用式（3-1）至式（3-13）计算降雨条件下的微波后向散射系数。以上对海上降雨的计算模型即为降雨环形波的布拉格散射模型。

降雨雨滴对海面产生的环形波谱可用对数高斯形函数表示（Bliven et al., 1997；Lemaire et al., 2002）：

$$S(f) = S_p \exp\left\{-\pi\left[\frac{\ln(f/f_p)}{\Delta f/f_p}\right]^2\right\} \quad (4-11)$$

对于直径为2.3 mm、2.8 mm和4.2 mm的雨滴分别存在频率 f 的上限阈值 f^{up}，对大于该阈值的频率，环形波谱形式为该阈值处乘以 $(f/f^{up})^{-n}$，n 取值为3.3。因此，以上雨滴产生的环形谱可改写为

$$S(f,R_i,D_i)=\begin{cases}S_{pi}\exp\left[-\pi\left(\dfrac{\ln f/f_{pi}}{\Delta f_i/f_{pi}}\right)\right] & f\leqslant f_i^{up}\\ S_{pi}\exp\left[-\pi\left(\dfrac{\ln f_i^{up}/f_{pi}}{\Delta f_i/f_{pi}}\right)\right]\left(\dfrac{f}{f_i^{up}}\right)^{-3.3} & f>f_i^{up}\end{cases} \tag{4-12}$$

对于雨滴直径 D 为 4.2 mm 时，

$f_p=4.24-0.006R$，$\Delta f=2.59+0.003R$，$S_p=2.49\times10^{-3}R^{0.481}$，$f^{up}=9$。

对于雨滴直径 D 为 2.8 mm 时，

$f_p=4.73-0.001R$，$\Delta f=3.46+0.009R$，$S_p=3.29\times10^{-4}R^{0.563}$，$f^{up}=11$。

对于雨滴直径 D 为 2.3 mm 时，

$f_p=5.07+0.019R$，$\Delta f=4.31+0.027R$，$S_p=0.45\times10^{-4}R^{0.854}$，$f^{up}=12$。

自然降雨可等效为雨滴直径为 2.3 mm、2.8 mm 和 4.2 mm 的雨滴一定比例的组合，组合比例为 835∶250∶15，因此，任意降雨率 R 与 3 种直径 D_i 雨滴的等效降雨 R_i 的关系可表示为

$$\frac{R_i}{R}=\frac{n_iD_i}{\sum_{i=1}^{3}n_iD_i} \tag{4-13}$$

式中，$D_1=2.3$ mm，$n_1=835$；$D_2=2.8$ mm，$n_2=250$；$D_3=4.2$ mm，$n_3=15$。

降雨雨滴降落过程中，会受到重力和空气阻力的共同作用，最后达到受力平衡，以一定的终速度降落到海面（地面），雨滴降落的终速度 v 用经验公式表示为（Gunn and Kinzer，1949）

$$v(D)=9.18\left[1-\exp(-0.46D-0.082D^2)\right] \tag{4-14}$$

式中，雨滴直径 D 的单位为 mm，终速度 v 的单位为 m/s。

当雨滴降落撞击水面，一部分能量在水表面传递给产生的环形波；另一部分转换为表层水的湍流和热量。雨滴撞击水面产生的环形波的振幅与雨滴的动量 mv 成正比（Le Méhauté，1988）。因此，雨滴带给水面的能量与雨滴动量的平方成正比（Craeye et al.，1999）。环形波的耗散时间定义为 τ。波-波相互作用和次表面湍流取决于降雨率 R，因此可假定 τ 为降雨率 R 的函数。水表面环形波获得的能量与降雨雨滴滴落率（单位时间内滴落的雨滴数量）和环形波耗散周期 τ 成正比，而滴落率正比于 $\dfrac{R}{m}$。因此海面高度方差（正比于水面环形波能量）σ_H^2 与各相关量的关系表示为

$$\sigma_H^2\sim\frac{R}{m}\tau m^2v^2=mv^2R\tau \tag{4-15}$$

可将以上降雨雨滴产生的环形波产生的海面高度方差 σ_H^2 表示为

$$\sigma_H^2=\alpha K_e R\tau(R) \tag{4-16}$$

式中，α 为比例因子；K_e 为单个雨滴的动能。Lemaire 等（2002）通过实验数据的最小二乘法，获得 σ_H^2 的表示式为

$$\sigma_H^2 = 1.40K_e R\exp\left[-\frac{R}{68}\left(1-\frac{R}{420}\right)\right] \tag{4-17}$$

式中，R 小于 115 mm/h。由上式可得任意自然降雨下的环形波耗散时间与直径为 2.3 mm、2.8 mm 和 4.2 mm 的雨滴环形波耗散时间关系为

$$\frac{\tau(R)}{\tau(R_i)} = \frac{\exp\left[-\frac{R}{68}\left(1-\frac{R}{420}\right)\right]}{\exp\left[-\frac{R_i}{68}\left(1-\frac{R_i}{420}\right)\right]} \tag{4-18}$$

因自然降雨可等效表示为雨滴直径为 2.3 mm、2.8 mm 和 4.2 mm 的雨滴以一定比例组合。因此任意降雨率的环形波谱可表示为

$$S(R,\ f) = \sum_{i=1}^{3} \frac{\tau(R)}{\tau(R_i)} S(f,\ R_i,\ D_i) \tag{4-19}$$

上式环形谱的频率谱改为波数谱，则为

$$W_{\mathrm{rain}}(R,\ k) = \frac{1}{2\pi}\frac{\partial f}{\partial k} S(R,\ f) \tag{4-20}$$

$$f = \frac{1}{2\pi}\sqrt{gk + \frac{\tau}{\rho}k^3} \tag{4-21}$$

联合以上各表达式，即可获得任意降雨率下的环形波谱。以上各式中 k 的单位为 cm^{-1}；g 为重力加速度；海水密度 $\rho = 1.025\ \mathrm{g/cm^3}$；海水表面张力系数 $\tau = 74\ \mathrm{mN/m}$；二维环形谱 W_{rain}（R，k）的单位为 m^{-3}，与方向无关。不同降雨率下的环形谱曲线见图 4-4和图 4-5。

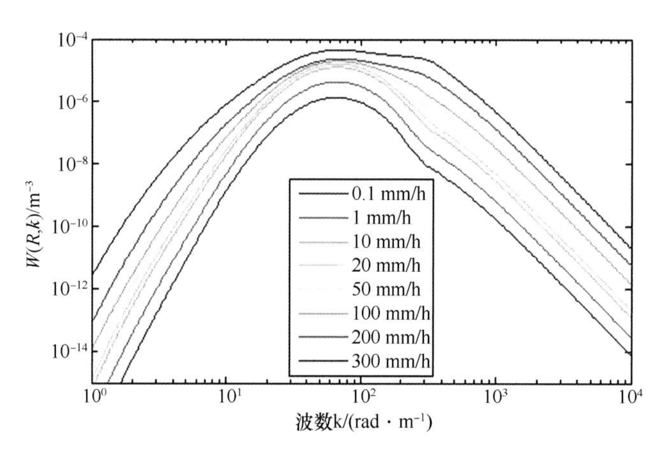

图 4-4　不同降雨率下的环形（波数）谱曲线

由图 4-4 和图 4-5 的降雨在水面产生的环形波谱曲线可见，环形谱的能量主要集中在波长为 2~20 cm 的波段范围内。

自然降雨情况下，绝大部分雨滴直径均小于 3 mm，这对于工作于 X 波段至 L 波段

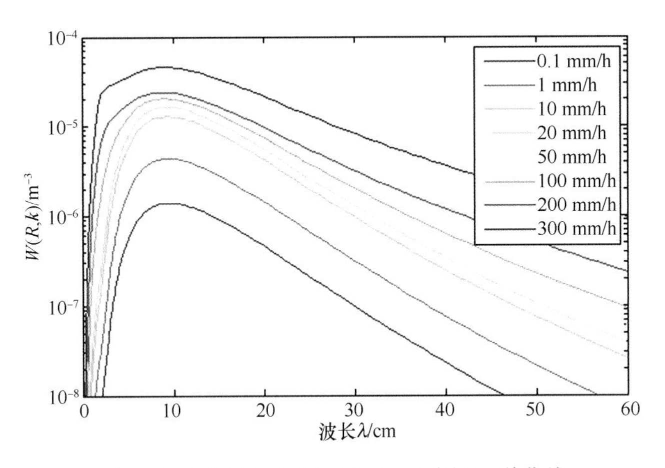

图 4-5　不同降雨率下的环形（波长）谱曲线

的 SAR 来说，雨滴散射可假设为 Rayleigh 散射（该假设对高于 Ku 波段的电磁波不成立），Xu 等（2015）以电磁波散射理论和降雨条件下雨滴的尺度和形状分布特征推导获得海上降雨的微波探测归一化后向散射系数可表示为

$$\sigma_{pp}^2 = 4\pi V_{pp}^2 + 4\pi R_{pp}^2 \alpha_{pp}^2 \tag{4-22}$$

式中，V_{pp}^2 为大气中雨滴的体散射项；R_{pp}^2 为海面后向散射项（包括海面风场和雨滴产生的环形波的作用，不包括溅射体散射），α_{pp}^2 为大气中雨滴对海面散射的吸收因子，下标 pp 表示为 VV 或 HH 极化。V_{pp}^2 和 α_{pp}^2 的表达式分别为

$$V_{pp}^2 = n_0 k^4 \left| \frac{\varepsilon_r - 1}{\varepsilon_r + 2} \right| \frac{H}{\tan\theta} \langle \tau_p^2 \rangle \tag{4-23}$$

$$\alpha_{pp}^2 = \exp\left(-2H\sec\theta \frac{4n_0\pi}{k} \mathrm{Im}\langle S_{pp}^f \rangle \right) \tag{4-24}$$

以上两式中，ε_r 为相对复介电常数；k 为电磁波波数；θ 为电磁波入射角；H 为降雨层高度，取 4 km；n_0 为大气中单位体积内的雨滴数，单位为 m^{-3}，与降雨率的关系为 $n_0 = 1\,950R^{0.21}$，降雨率 R 的单位为 mm/h；散射矩阵 $\langle S_{pp}^f \rangle$ 表示关系为

$$\mathrm{Im}\langle S_{vv}^f \rangle \approx 3k^2 \frac{\mathrm{Im}(\varepsilon_r)}{|\varepsilon_r + 2|} \langle \tau_v \rangle + \frac{2k^5}{3} \left| \frac{|\varepsilon_r - 1|}{|\varepsilon_r + 2|} \right|^2 \langle \tau_v'^2 \rangle \tag{4-25}$$

$$\mathrm{Im}\langle S_{hh}^f \rangle \approx 3k^2 \frac{\mathrm{Im}(\varepsilon_r)}{|\varepsilon_r + 2|^2} \langle \tau_h \rangle + \frac{2k^5}{3} \left| \frac{|\varepsilon_r - 1|}{|\varepsilon_r + 2|} \right|^2 \langle \tau_h^2 \rangle \tag{4-26}$$

$$\begin{aligned}\langle \tau_v \rangle &= \langle a^3 \rangle + \frac{\cos 2\theta}{12}\langle a^4 \rangle l_0^{-1} \\ \langle \tau_h \rangle &= \langle a^3 \rangle + \frac{1}{12}\langle a^4 \rangle l_0^{-1} \\ \langle \tau_v^2 \rangle &= \langle \tau_v'^2 \rangle = \langle a^6 \rangle + \frac{\cos 2\theta}{6}\langle a^7 \rangle l_0^{-1} \\ \langle \tau_h^2 \rangle &= \langle a^6 \rangle + \frac{1}{6}\langle a^7 \rangle l_0^{-1}\end{aligned} \tag{4-27}$$

以上各式中，符号 Im 表示取虚部；a 为雨滴等效直径，单位为 cm；l_0 为单位长度；雨滴尺度计算公式与降雨率的关系单位分别为

$$\begin{aligned}\langle a^3 \rangle &= 1.09 \times 10^{-11} R^{0.63} (\mathrm{m}^3) \\ \langle a^4 \rangle l_0^{-1} &= 5.31 \times 10^{-12} R^{0.84} (\mathrm{m}^3) \\ \langle a^6 \rangle &= 2.37 \times 10^{-21} R^{1.26} (\mathrm{m}^6) \\ \langle a^7 \rangle l_0^{-1} &= 2.02 \times 10^{-21} R^{1.47} (\mathrm{m}^6)\end{aligned} \tag{4-28}$$

通过以上各式，即可计算确定任意降雨率下的大气雨滴体散射和吸收系数。而海面微波散射是海面风场对海面调制产生的后向散射和雨滴作用产生环形波后向散射之和。

文献 Contreras 和 Plant（2006）、Zhang 等（2016）也是利用风浪谱和降雨雨滴在水面产生环形谱的布拉格散射模型分析海上降雨的微波散射。其使用的大气中雨滴的散射和吸收计算式是采用 Nie 和 Long（2007）的经验式［式（4-1）和式（4-2）以及表 4-1］；其使用的风浪谱和环形谱考虑了降雨对海水黏性系数的改变，考虑了降雨对风浪谱的影响；其风浪谱采用 Kudryavtsev 等（2003）的海浪谱；环形谱采用 Contreras 和 Plant（2006）的降雨环形谱，其降雨的环形谱形式与 Bliven 等（1997）和 Lemaire 等（2002）的高斯分布的环形谱表示式有所不同。Xu 等（2015）模型中采用了理论分析的新方法计算大气中雨滴对微波的散射和吸收，本书采用 Xu 等（2015）模型作为降雨环形波布拉格散射理论的代表与其他模型进行对比分析。

图 4-6 为 Nie 和 Long（2007）与 Xu 等（2015）对 C 波段（5.4 GHz）VV 极化 38°入射角时大气中雨滴对微波的散射和吸收系数随降雨率的变化关系曲线。由图 4-6 可见，两者大气中雨滴对微波的散射模拟结果基本一致，差异不超过 2 dB。而吸收系数在弱降雨时（≤40 mm/h），两者模拟的结果基本一致，最大差异约 1 dB；而在较强降雨时（≥40 mm/h），两者差别随降雨率增大而迅速增大。

图 4-7 为 Nie 和 Long（2007）与 Xu 等（2015）在海面风速为 6 m/s 顺风条件下，对 C 波段（5.4 GHz）VV 极化 38°入射角时降雨产生水面环形波的波致后向散射系数 σ_{rain} 和有效后向散射 σ_{eff} 随降雨率的变化关系曲线。

由图 4-7 可见，Nie 和 Long（2007）与 Xu 等（2015）两种不同模型对降雨环形波的散射和有效后向散射均存在一定的差异，最大差异达 5 dB，但他们的共同特征是降雨

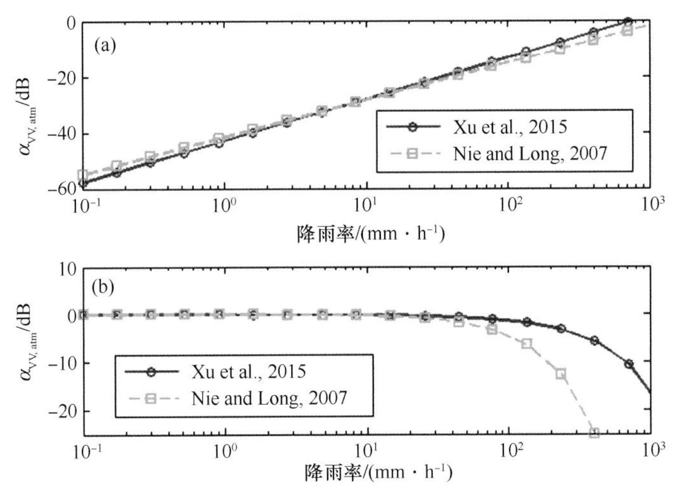

图 4-6　大气中雨滴对微波散射（a）和吸收系数（b）随降雨的变化关系曲线

入射角为 38°，C 波段，VV 极化

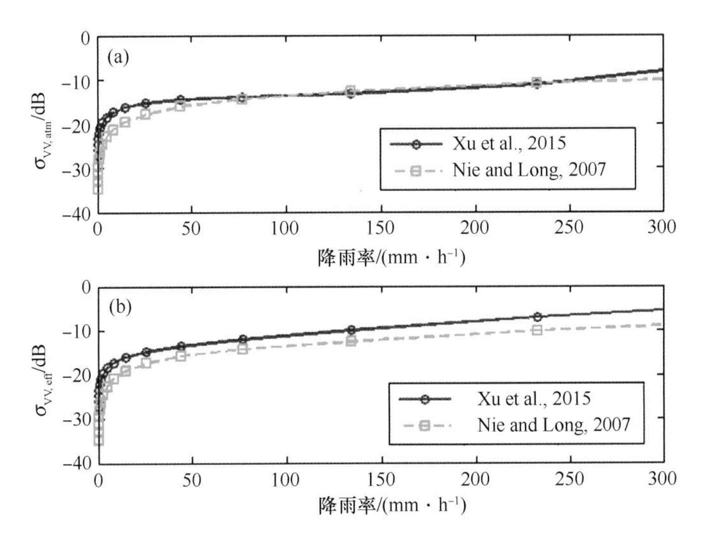

图 4-7　降雨产生水面环形波的波致后向散射系数（a）和有效后向散射（b）随降雨率的变化关系曲线

海面风速为 6 m/s，相对风向为 0°，入射角为 38°，C 波段，VV 极化

对微波产生的后向散射系数随降雨率的增大而增大。

4.2.3　降雨水面溅体体散射模型

除海面风场、降雨环形波、大气中雨滴对电磁波散射与吸收的影响外，雨滴降落至海面撞击水面产生的溅射体（溅射水柱、坑或冠）是海上降雨微波后向散射的主要散射体（Liu et al.，2016a）。

假定降雨条件下，降雨雨滴的空间间距为均匀分布，利用不同降雨率下的雨滴粒径概率分布（Marshall and Palmer，1948；Villermaux and Bossa，2009）和文献（Gunn and Kinzer，1949）实验数据拟合得到的雨滴降落终速率计算式，再根据降落到地面总雨滴体积和降雨率的关系，推导获得降雨雨滴的间距 L 与降雨率 R 有如下关系（Liu et al.，2016a）：

$$L = \left(\frac{5.17\pi \times 10^5}{1 + 7.79R^{-0.21}}\right)^{1/3} R^{-0.12} \tag{4-29}$$

式中，降雨率 R 的单位为mm/h；降雨雨滴间距 L 的单位为mm；雨滴间距随降雨率的变化曲线见图4-8。由图4-8可见，降雨雨滴间的间距分布在3.5~6.5 cm的范围内，且随着降雨率的增大而减小。

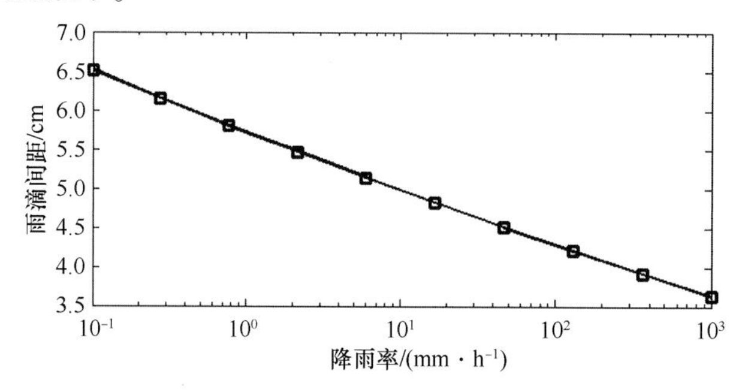

图4-8　雨滴间距随降雨率的变化曲线

Zheng（2012）利用电磁波传播与相干理论建立了溅射体的微波散射模型，其散射模型的微波散射如图4-9所示。

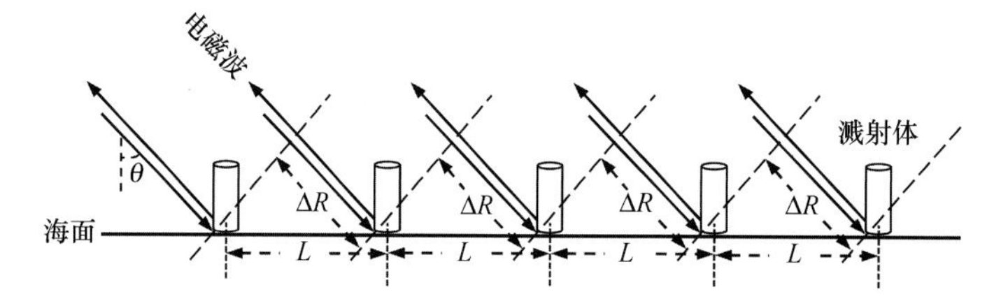

图4-9　海上降雨的水面溅射体散射示意图

根据Zheng（2012）重绘

全部溅射体海面的电磁波回波振幅可表示为

$$V_r = \sum_{n=1}^{N} V_n e^{-2ki(R_0+n\Delta R)} \tag{4-30}$$

式中，N 为雷达分辨单元内方位向上的雨滴溅射体总数量，由图4-8雨滴间距的曲线可知，$N\rightarrow\infty$，第 n 排溅射体的散射回波 V_n 表示为

$$V_n = V_0\beta^n \tag{4-31}$$

式中，V_0 为入射电磁波振幅，β 为电磁波往返经过海面上距离 ΔR 内的衰减系数（图 4-9）。因此，式（4-30）转化为

$$V_r = V_0 \frac{\beta\cos(2k\Delta R) - \beta^2 - i\beta\sin(2k\Delta R)}{1 - \beta\cos(2k\Delta R) + \beta^2} \tag{4-32}$$

式中，波数 $k = 2\pi/\lambda$，λ 为电磁波长；$\Delta R = L\sin\theta$，θ 为电磁波入射角。由雨滴溅射体产生的雷达回波后向散射系数可表示为

$$\sigma_{0,\ \mathrm{rain}}(\theta,\ L/\lambda) \sim \frac{V_r V_r^*}{|V_0|^2} = \frac{\beta^2}{1 - 2\beta\cos(4\pi L/\lambda\sin\theta) + \beta^2} \tag{4-33}$$

取电磁波入射角为 38°，C 波段（5.4 GHz）的降雨条件下，β 取值为 0.5，由式（4-33）计算的降雨溅射体的后向散射系数随降雨率变化曲线见图 4-10。

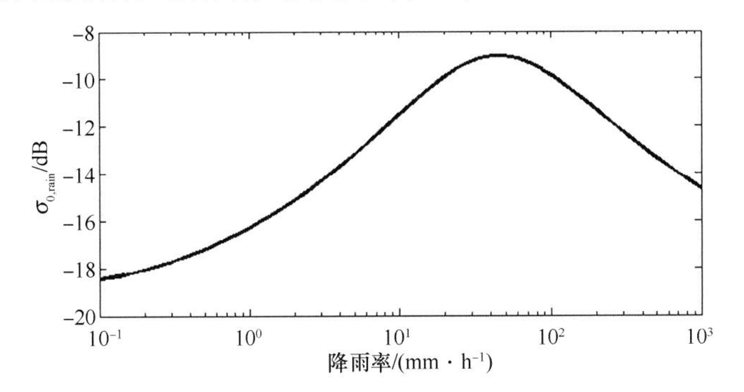

图 4-10　溅射体产生的微波后向散射系数随降雨率的变化曲线

38°入射角，C 波段，β=0.5

由图 4-10 可见，Zheng（2012）的溅射体散射模型的后向散射系数随着降雨率增加而增大，但增大到一定值后随降雨率的减小而降低。这有效地解释了雨团中心的最大降雨区对应 SAR 图像变“暗”的现象（图 1-5）。图 4-10 中的后向散射系数是由式（4-33）的计算值乘以因子 1/8，其计算的结果和本节介绍的经验拟合模型［式（4-7）至式（4-9）］是一致的。

由于降雨雨滴在海面上不可能完全均匀分布，Liu 等（2016b）在 Zheng（2012）的基础上，假定雨滴的水平空间分布为在平均间距 L 存在一个随机偏移量。将海上降雨在海面产生的溅射体的散射分为相干散射部分［即式（4-33）］和非相干散射部分。本书收集的实例分析数据显示，在本书使用示例数据的海况和强降雨条件下，相干散射的后向散射为主要散射（见下一章节的示例数据分析）。

4.3　海上降雨微波散射模型修正

本节利用 SAR 和同步天气雷达观测实例数据，分析确定海上降雨雨滴溅射体相关散射模型的参数与海洋环境要素的关系。基于理论和实例数据的分析结果，对现有的微波

散射模型进行修正，建立一套综合考虑风浪、降雨水面环形波和溅射体相干散射的海上降雨微波散射修正模型。

4.3.1 降雨散射修正模型参数对海洋环境条件的依赖关系分析

Zheng（2012）的溅射体散射模型可有效地解释高降雨率下，微波探测的后向散射系数减弱的现象（图1-5和图4-26），然而其模型计算表达式［即前文式（4-33）］存在不定散射衰减因子β和比例因子。

本书共收集了3景强降雨条件下的C波段SAR图像数据和同步的天气雷达数据［其中1景为文献Liu等（2016a）中研究所用］作为示例研究，数据情况具体介绍如下。

4.3.1.1 示例数据1

示例数据1为加拿大RADARSAT-2卫星C波段（5.405 GHz）VV极化宽幅扫描模式SAR数据。成像时间为2013年4月25日22：20 UTC，空间分辨率为100 m，覆盖范围为500 km×500 km，其SAR原始图像见图4-11。与图4-11中SAR同步观测的湛江站天气雷达观测数据见图4-12，其观测时间为2013年4月25日22：18 UTC。图4-12中直线AA'、BB'和CC'分别为与SAR进行对比的剖面位置，为了便于分析，剖面平行于SAR观测的方位向，即各剖面上的雷达波入射角均相同。

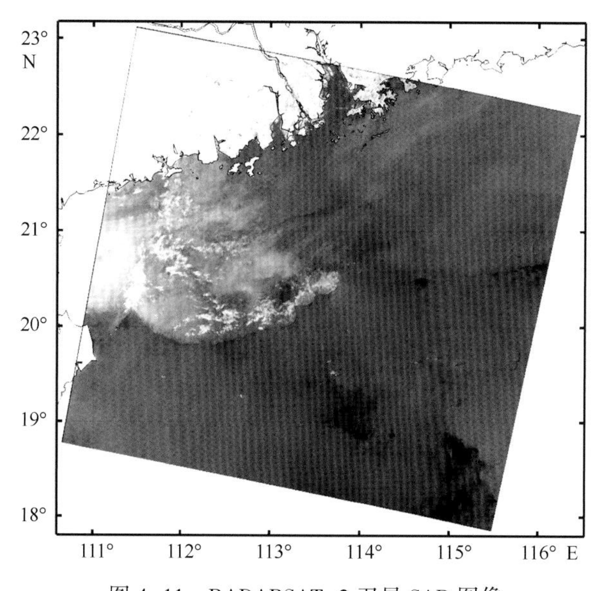

图4-11 RADARSAT-2卫星SAR图像

成像时间2013年4月25日22：20 UTC，C波段、VV极化宽幅扫描模式

图4-13为图4-11中SAR图像后向散射系数的降雨区域的局部显示图，图中也标示了剖面直线AA'、BB'和CC'的位置。图4-12中的降雨率数据是根据天气雷达观测图基

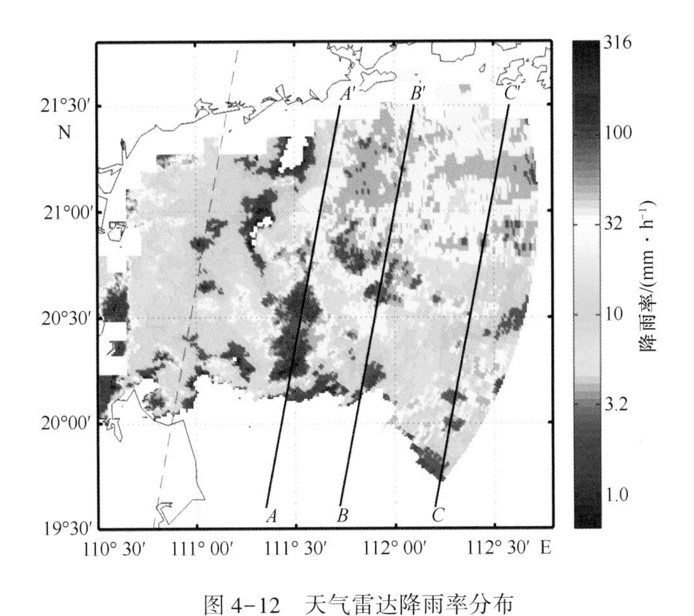

图 4-12　天气雷达降雨率分布

观测时间 2013 年 4 月 25 日 22：18 UTC，湛江观测站，图中直线 *AA′*、*BB′* 和 *CC′* 分别是和 SAR 后向散射观测进行对比分析剖面的位置

本反射率数据利用式（4-7）计算获得的，图 4-13 的 SAR 后向散射系数是利用图 4-11 的 SAR 原始数据和定标公式（3-14）计算获得。对比图 4-12 和图 4-13 的图像特征，基本上具有一一对应的纹理特征，即降雨区域在 SAR 图像上均有后向散射系数变化的响应。

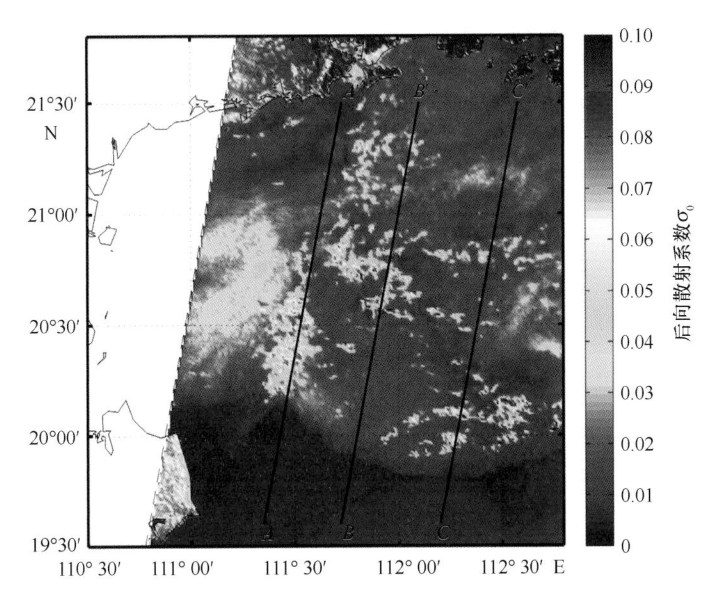

图 4-13　本书图 4-11 中 SAR 后向散射系数的降雨区域局部分布

图中直线 *AA′*、*BB′* 和 *CC′* 分别和图 4-12 中相应编号的剖面位置相同

提取图4-12和图4-13上剖面AA'、BB'和CC'上的降雨率和SAR的后向散射散射系数值，其对应的变化曲线见图4-14。由图4-14可见，在降雨率降低时，SAR后向散射系数和降雨率成正相关变化，即后向散射系数随降雨率的增大而增大［图4-14（a）中降雨率较低的区域和图4-14（b）、图4-14（c）的变化曲线区域］，而在降雨增大到一定值（约大于150 mm/h）时，SAR后向散射系数和降雨率成负相关的变化规律，即当降雨率增大时，SAR的后向散射系数反而下降［见中图4-14（a）中虚线a和b之间的变化曲线］。

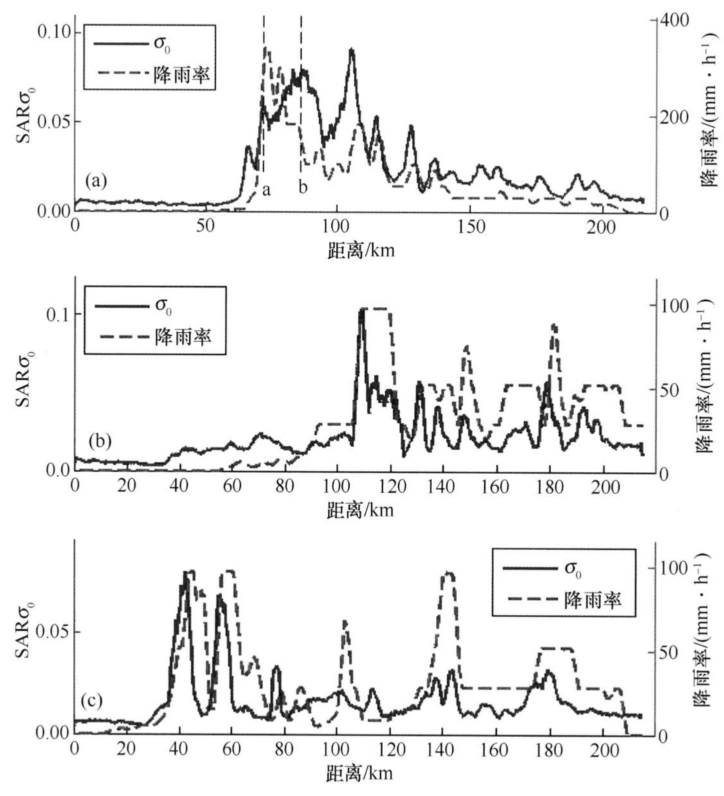

图4-14　本书图4-12和图4-13中SAR后向散射系数和天气雷达降雨率观测剖面的变化曲线对比

（a）AA'，（b）BB'，（c）CC'

收集图4-11中SAR图像覆盖区域内其成像时刻的业务化海洋浮标的海面风速和风向观测数据，海洋浮标位置分布及图4-11中SAR观测时刻2013年4月25日22：20 UTC的海面风速和风向浮标观测值见图4-15，图中使用海洋浮标分别为粤西站（浮标号QF303）、粤东站（浮标号301）、珠江口站（浮标号QF304）和深海站（浮标号SF304），其中粤西站位于本书的研究降雨区，其海面风速为6.3 m/s，深海站位于非降雨区，其海面风速为3.7 m/s。该时刻的海面风速值是通过浮标整点海面风速和风向实测值线性插值而获得。

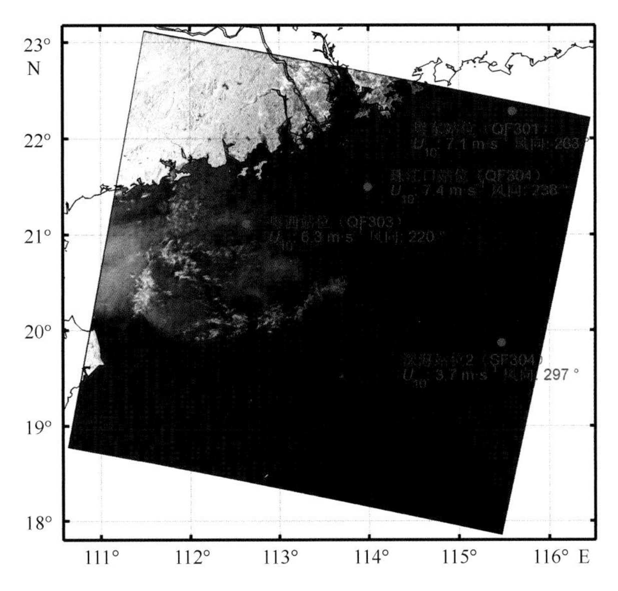

图 4-15 本书图 4-11 的 SAR 图像及其成像时刻的海洋浮标位置分布、海面风速和风向观测值

观测时间 2013 年 4 月 25 日 22：20 UTC

绘制图 4-11 中 SAR 覆盖范围内的欧洲 Metop-B 和 Metop-A 卫星 ASCAT 散射计准同步（观测时间相差约 3 h）海面风场（图 4-16 和图 4-17）。对照图 4-11、图 4-16 和图 4-17 可见，SAR 观测的研究区域存在槽线，两测风向明显转折；在降雨区域，散射计海面风场较高，图 4-16 中 Metop-B 卫星 ASCAT 的海面风速为（12.5±1.7）m/s，图 4-17 中的 Metop-A 卫星的海面风速为（10.4±1.6）m/s；在降雨区域南侧的非降雨区域的海面风速较低，图 4-16 中 Metop-B 卫星 ASCAT 的海面风速为（4.1±0.5）m/s，图

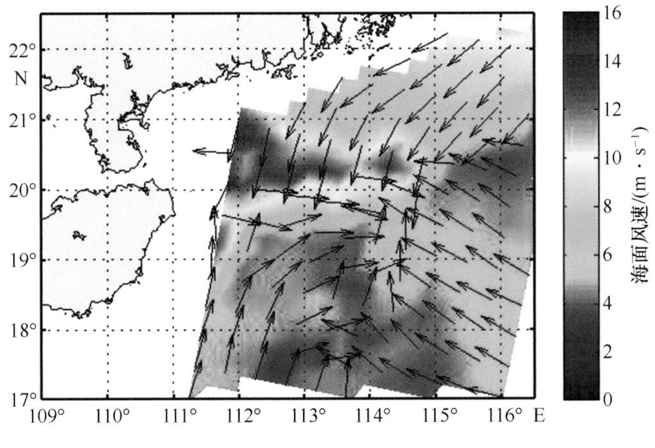

图 4-16 Metop-B 卫星 ASCAT 海面风场分布

观测时间 2013 年 4 月 26 日 01：04 UTC

4-17 中的 Metop-A 卫星海面风速为（3.8±0.3）m/s。由此可见，在降雨区，散射计海面风速变化较大，在观测时间相差 1 h 的间隔内变化值达 2 m/s。而非降雨区风速基本保持不变。然而 ASCAT 等散射计海面风场是由主动微波遥感反演获得的海面风场，在降雨条件下，其海面风速反演精度将受到影响（Lin et al.，2015）；在强降雨条件下（尤其是低风速情况下），散射计海面风速偏高（Ricciardulli et al.，2016）。

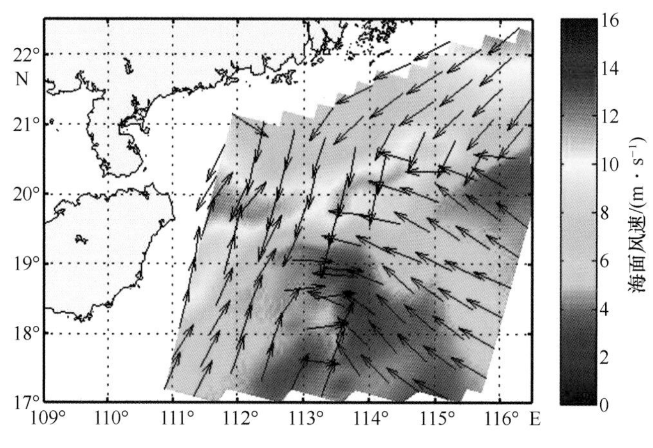

图 4-17 Metop-A 卫星 ASCAT 海面风场分布

观测时间 2013 年 4 月 26 日 02：04 UTC

图 4-18 为 2013 年 4 月 26 日 00：00 UTC 的美国国家环境预报中心（National Centers for Environmental Prediction，NCEP）最终业务全球分析数据在图 4-11 所示的SAR 图像覆盖区内的海面风速等值线分布图，该数据于美国大学大气研究联合会（National Center for Atmospheric Research，NCAR）和大气研究大学公司（University Corporation for Atmospheric Research，UCAR）网站（https：//rda. ucar. edu/）获取。从图 4-18 中可发现，在降雨区域海面风速不高于 6 m/s，非降雨区域海面风速处于 0~5 m/s 的范围内。在非降雨区内，实测浮标值、天气图和 ASCAT 散射计提供的海面风速结果接近。图 4-11、图4-18、图 4-16 和图 4-17 数据的观测或显示信息的时刻分别为 2013 年 4 月 25 日 22：20 UTC，4 月 26 日 00：00 UTC、01：04 UTC 和 02：04 UTC，依次时间间隔约为 1 h（其中 SAR 和天气图相隔为 100 min）。又由于浮标仅代表其所在位置的海面风速和风向观测值，无法获得 SAR 整个覆盖范围内的海面风场情况。因此本书研究过程中，统一取非降雨区的距 SAR 观测时刻较近的散射计海面风场为 SAR 降雨观测区的背景海面风场，示例数据 1（即图 4-11）研究区域的背景海面风速和风向采用图 4-16 的 ASCAT 散射计非降雨区的海面风速和风向，即风速为（4.1±0.5）m/s，风向为（312°±7°）。

4.3.1.2 示例数据 2

示例数据 2 同为加拿大 RADARSAT-2 卫星 C 波段（5.405 GHz）VV 极化宽幅扫描模式 SAR 数据。成像时间为 2010 年 8 月 5 日 09：51 UTC，原始图像见图 4-19。与图

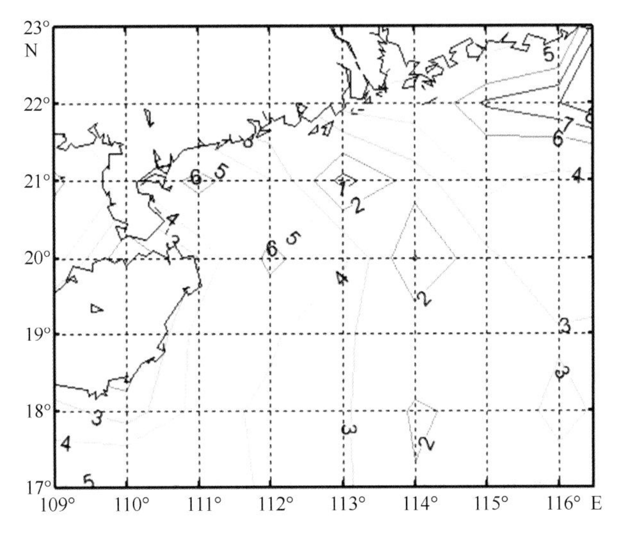

图 4-18　NCEP 分析数据海面风速等值线分布图

成像时间 2013 年 4 月 26 日 00：00 UTC

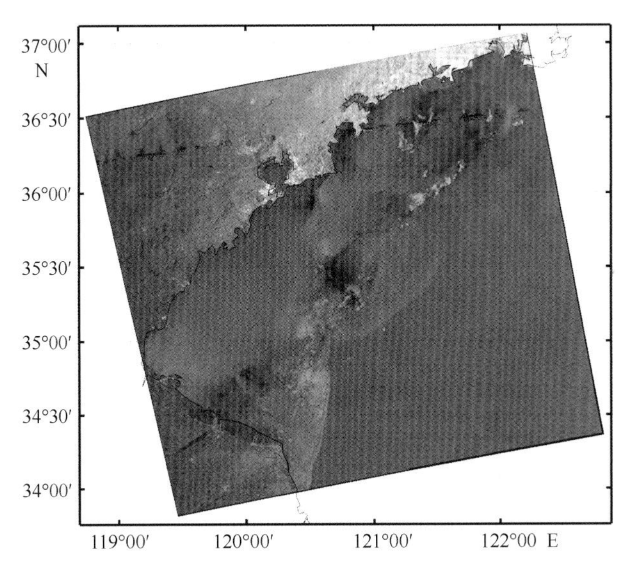

图 4-19　RADARSAT-2 卫星 SAR 图像

成像时间 2010 年 8 月 5 日 09：51 UTC，C 波段 VV 极化宽幅扫描模式

4-19中 SAR 同步观测的青岛站天气雷达观测数据见图 4-20，其观测时间为 2010 年 8 月 5 日 09：50 UTC。图 4-20 中直线 *DD″*和 *EE′*分别为与 SAR 进行对比的剖面位置。

图 4-21 为图 4-19 中 SAR 图像经过辐射定标后的后向散射系数分布图，图中也标示了剖面直线 *DD′*和 *EE′*的位置。图 4-20 中的降雨率数据根据天气雷达观测图基本反射率数据利用式（4-7）计算获得，图 4-21 的 SAR 后向散射系数是利用图 4-19 的 SAR 原

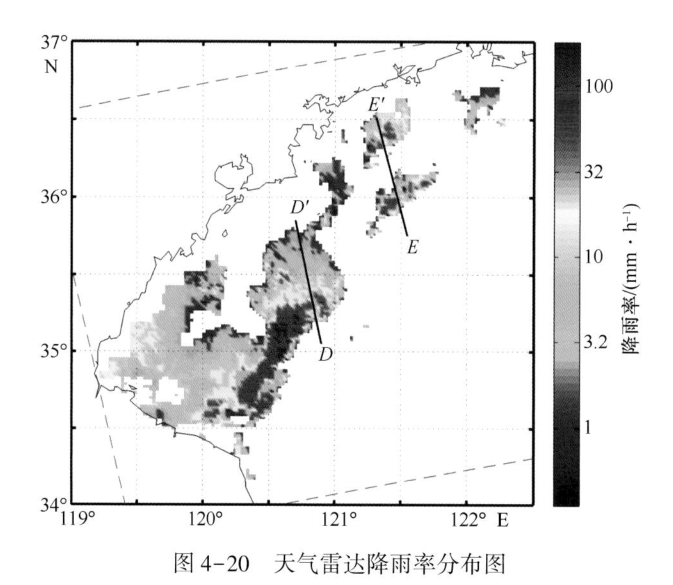

图 4-20 天气雷达降雨率分布图

观测时间 2010 年 8 月 5 日 9：50 UTC，青岛观测站，图中直线 *DD′* 和 *EE′* 分别是和 SAR 后向散射观测进行对比分析剖面的位置

始数据和定标公式（3-14）计算获得。对比图 4-20 和图 4-21 的图像特征，基本上也具有一一对应的特性纹理特征，即表明 SAR 图像显著显示了海面的降雨率信息。

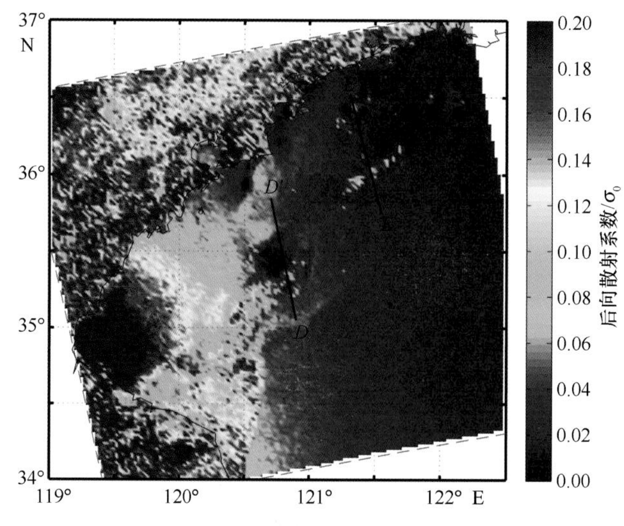

图 4-21 图 4-19 中 SAR 图像的后向散射系数分布

图中直线 *DD′* 和 *EE′* 分别和图 4-20 中相应编号的剖面位置相同

提取图 4-20 和图 4-21 上剖面 *DD′* 和 *EE′* 的降雨率和 SAR 后向散射散射系数值，其对应的变化曲线见图 4-22。由图 4-22 可见，降雨率和 SAR 的雷达后向散射系数体现了示例数据 1 中图 4-14 中相同的变化规律，即在降雨率降低时，SAR 后向散射系数随降雨率的增大而增大，但当降雨增大到一定值，SAR 的后向散射系数随降雨率增大而下降

（图 4-22）。

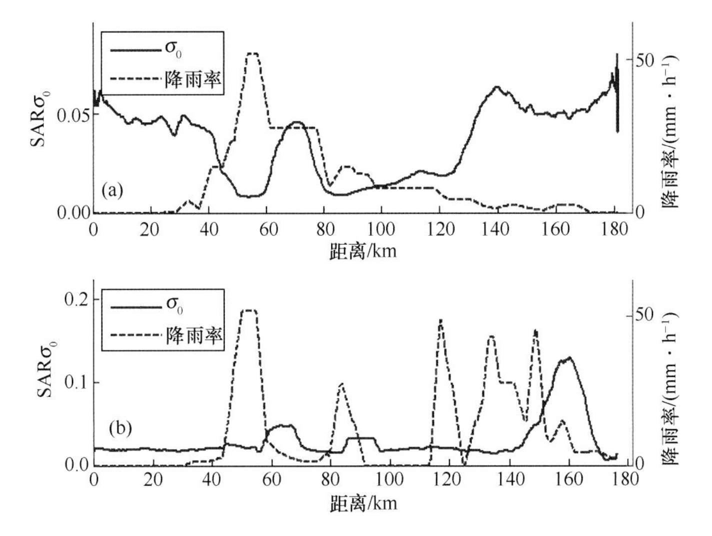

图 4-22　图 4-20 和图 4-21 中 SAR 后向散射系数和天气雷达降雨率观测剖面变化曲线对比

（a）DD′，（b）EE′

对比图 4-14 和图 4-22 发现，随降雨率增大而 SAR 后向散射系数降低的降雨率阈值并不相同。图 4-14（a）中，降雨率大于阈值 150 mm/h 时，SAR 后向散射系数和降雨率呈负相关关系；而图 4-22（a）中，该降雨率阈值降低至 5 mm/h 以下，降雨率和 SAR 后向散射系数的曲线变化关系趋势几乎全部为负相关。

绘制图 4-19 中 SAR 覆盖范围内的欧洲 Metop-A 卫星 ASCAT 散射计准同步海面风场（图 4-23），其海面风场观测时间为 2010 年 8 月 5 日 13：08 UTC，在 SAR 观测时间后 3 h 17 min。由于 Metop-B 卫星发射于 2012 年，相比于示例数据 1，示例数据 2 缺少 Metop-B卫星 ASCAT 的海面风场同比数据。图 4-23 中显示的降雨区海面风速为（8.4±0.1）m/s，非降雨区的海面风速为（4.2±0.2）m/s。

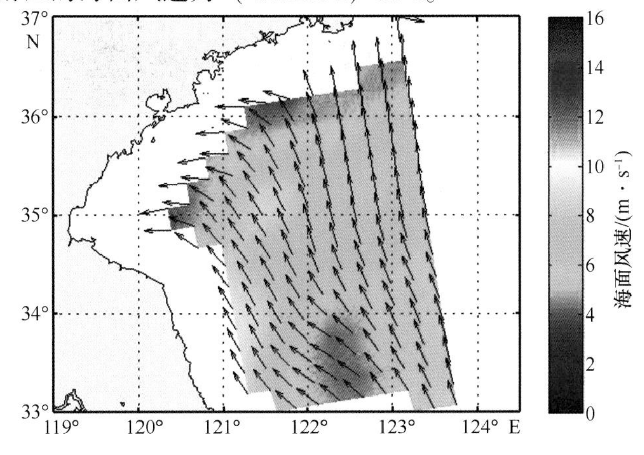

图 4-23　Metop-A 卫星 ASCAT 海面风场分布

观测时间 2010 年 8 月 5 日 13：08 UTC

距图4-19中SAR观测时间最近的天气图为2010年8月5日00：00 UTC（天气图可于http：//envf. ust. hk查阅），较图4-23观测时刻的时间差较长，因此，选用图4-23非降雨区的海面风速和风向作为图4-19中SAR非降雨区域的海面风速和风向值，其海面风速为（4.2±0.2）m/s，风向为（306°±4°）。

4.3.1.3　示例数据3

示例数据3为欧洲ENVISAT卫星C波段（5.331 GHz）VV极化成像模式的ASAR数据。成像时间为2006年11月19日13：45 UTC，其SAR原始图像见图4-24。与其同步的天气雷达观测数据见图4-25。

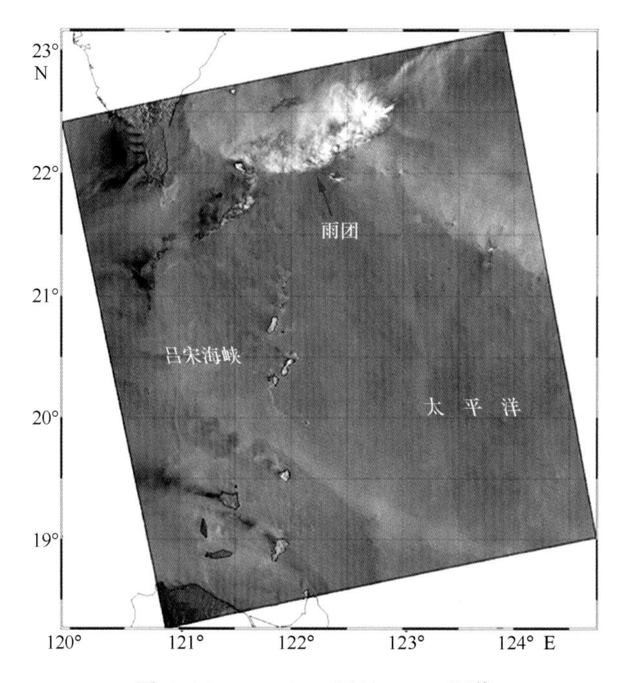

图4-24　ENVISAT卫星ASAR图像

即文献Liu等（2016b）图10，成像时间2006年11月19日13：45 UTC，C波段、VV极化成像模式

对比图4-24和图4-25可见，在天气雷达上显示的海上降雨区域，SAR图像上也有对应的图斑信息。将其降雨区域放大并取通过降雨区域中心的剖面。局部放大显示图及分析剖面位置见图4-26。

图4-26中SAR和天气雷达剖面上的SAR后向散射系数和天气雷达降雨率观测值的曲线见图4-27，图中距离为40 km处的位置为图4-26中降雨区域的中心位置点。由图4-27中的SAR后向散射系数和降雨率的对比关系可见，在降雨率较低时，SAR后向散射系数和降雨率成正相关变化，即后向散射系数随降雨率的增大而增大［图4-27中（a）、（b）两侧的区域］，而在降雨增大到一定值时，SAR后向散射系数和降雨率呈负相关的变化规律，即当降雨率增大时，SAR的后向散射系数反而下降［见图4-27中

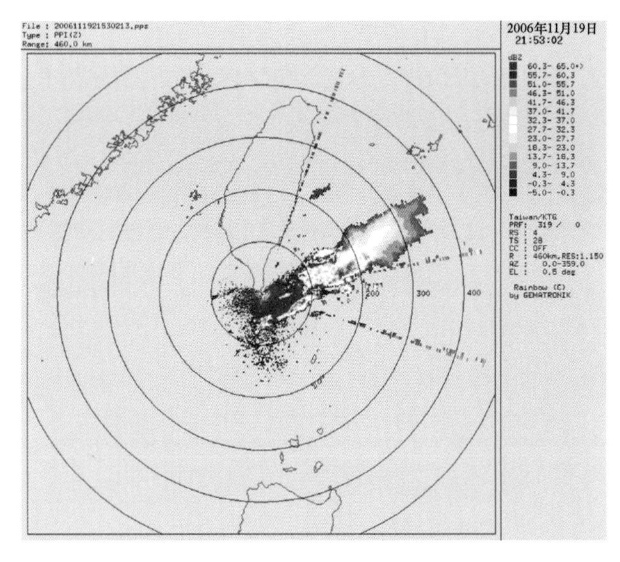

图 4-25　天气雷达反射率分布

即文献 Liu 等（2016b）图 8，观测时间 2006 年 11 月 19 日 13：53 UTC，台湾 RCKT46779 站

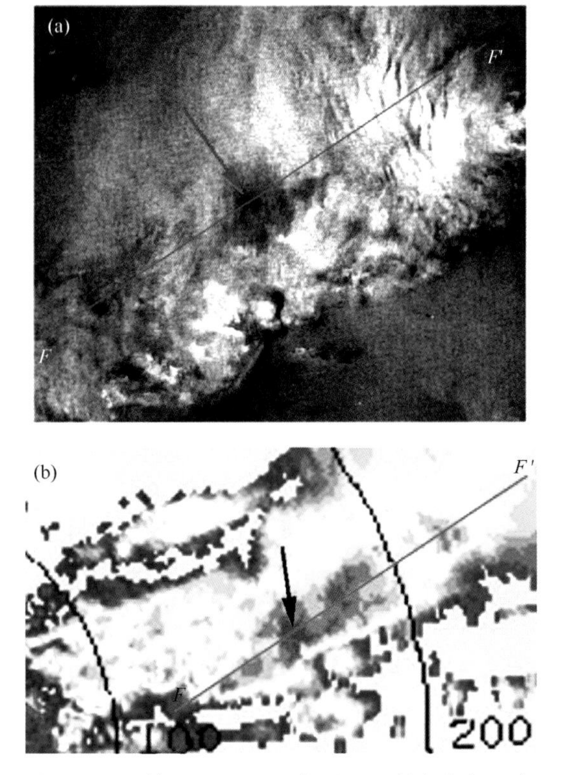

图 4-26　图 4-24 中 ASAR 图像和图 4-25 天气雷达反射率分布图降雨区域局部放大图

即文献 Liu 等（2016b）图 11，（a）为 SAR 放大图，（b）为天气雷达放大图

(a) 和 (b) 之间的变化曲线]。图 4-27 的数据取自文献 Liu 等 (2016a) 的图 12，但降雨率数据由天气雷达反射率值和式 (4-7) 换算成单位为 mm/h 的降雨率。

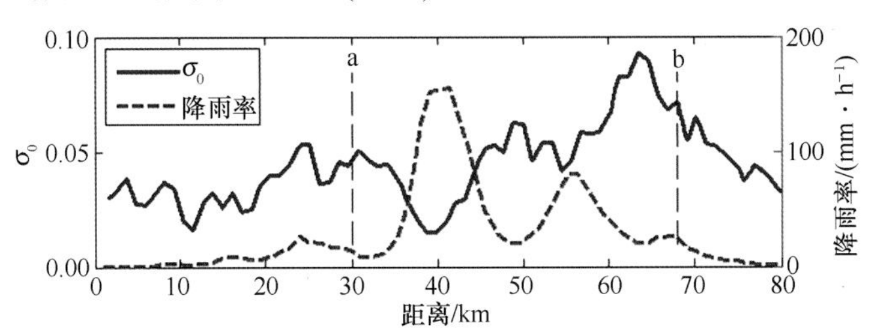

图 4-27 图 4-26 中剖面上 SAR 后向散射系数和天气雷达观测的降雨率曲线对比

图中数据取自文献 Liu 等 (2016a) 图 12

图 4-28 为美国 QuikSCAT 卫星 Seawind 散射计的海面风场分布图，观测时间为 2006 年 11 月 19 日 10：12 UTC，与图 4-24 的 SAR 观测区域相同，但时间相差 3 h 33 min。图 4-29 为图 4-28 的 QuikSCAT 海面风场产品降雨标识分布图。本书 QuikSCAT 海面风场产品数据来源于美国 Remote Sensing System (RSS，网址为 http：//www. remss. com/) 公司。

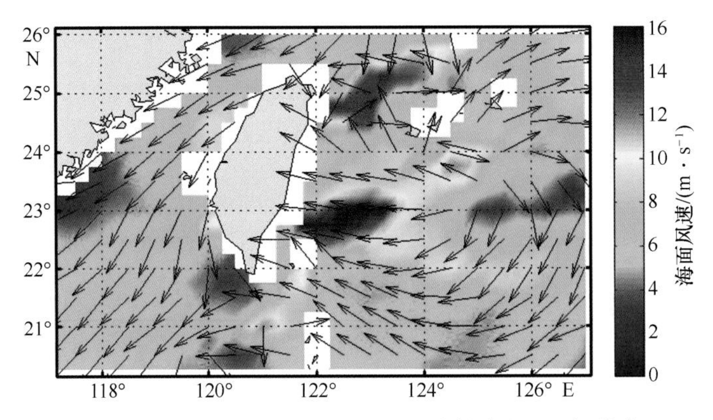

图 4-28 QuikSCAT 卫星 SeaWind 散射计海面风场分布

观测时间为 2006 年 11 月 19 日 10：12 UTC

对比图 4-28 和图 4-29，图 4-28 中显示的较高风速区域和图 4-29 中降雨标识区域基本具有相同的分布形态。QuikSCAT 卫星 Seawind 散射计工作于 Ku 波段，Ku 波段受降雨的影响相比于 C 波段更大，且 QuikSACT 和 ASCAT 等散射计海面风场产品在强降雨条件下 (特别是低风速的情况下) 具有较低的精度 (Ricciardulli et al. , 2011；2016)。地面天气图显示，图 4-24 中 SAR 覆盖区域的海面风速低于 6 m/s (Liu et al. , 2016b)。综合以上考虑，取图 4-28 中非降雨区的海面风速风向为示例数据 3 的图 4-24 区域的背景海面风信息，则图 4-26 (a) 区域的海面风速为 (5.4±0.3) m/s，风向为 (309°±5°)。

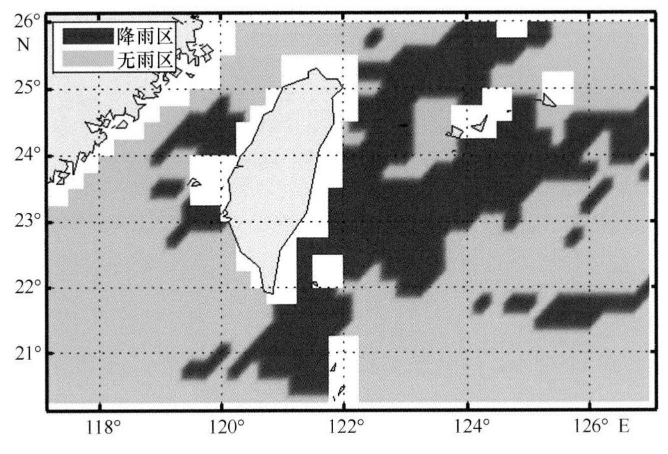

图 4-29　QuikSACT 海面风场产品降雨标识
观测时间 2006 年 11 月 19 日 10：12 UTC

使用 Zheng（2012）和 Liu 等（2016b）中的方法，对前文示例数据 1、示例数据 2、示例数据 3 中各剖面上 SAR 的后向散射系数和降雨率数据进行统计，并利用模型式（4-33）进行匹配。即统计图 4-14、图 4-22 和图 4-27 中各剖面线上同一降雨率下的 SAR 后向散射系数均值和方差，用式（4-33）匹配 SAR 后向散射系数对降雨率的变化散点，以此来确定获得式（4-33）中的 β 值和比例因子。图 4-14、图 4-22 和图 4-27 中共 6 条剖线对比数据的匹配情况见图 4-30，匹配结果及其对应的数据源和海洋环境信息见表 4-2。

表 4-2　海上降雨溅射体相干散射模型参数拟合结果及其海洋环境信息表

序号	SAR 数据信息（卫星/SAR、观测时间）	SAR 数据信息 方位角/（°）	SAR 数据信息 剖面	SAR 数据信息 入射角/（°）	天气雷达站/观测时间	背景海面风场数据源观测时间	背景海面风速、风向	β	比例因子 A
1	RADARSAT-2/SAR 2013-04-25T 22：20：32	189	*AA'*	46.9	湛江站 2013-04-25T 22：18：00	Metop-A/ASCAT 2013-04-26T 01：04	（4.1±0.5）m/s 312°±7°	0.50	1/17
			BB'	45.2				0.50	1/14
			CC'	42.8				0.50	1/25
2	RADARSAT-2/SAR 2010-08-05T 09：51：38	350	*DD'*	34.6	青岛站 2010-08-05T 09：50：14	Metop-A/ASCAT 2010-08-05T 13：08	（4.2±0.2）m/s 306°±4°	0.50	1/18
			EE'	30.2				0.50	1/17
3	ENVISAT/ASAR 2006-11-19T 13：53：45	348	*FF'*	38	台湾 RCKT46779 站 2006-11-19T 13：53：02	QuikSCAT/ Seawind 2006-11-19T10：12	（5.4±0.3）m/s 309°±5°	0.50 *	1/17 *

* 文献 Liu 等（2016a）中 A 取值为 1/8；Liu 等（2016b）β 取值为 0.75。

由图 4-31 和表 4-2 中可见，海上降雨溅射体模型式（4-33）和本书示例数据均符合得较好。结果表明，在 4~5 m/s 的降雨区域背景海面风速范围内的，不同降雨率下的衰减影响因子 β 均可取值为 0.50。

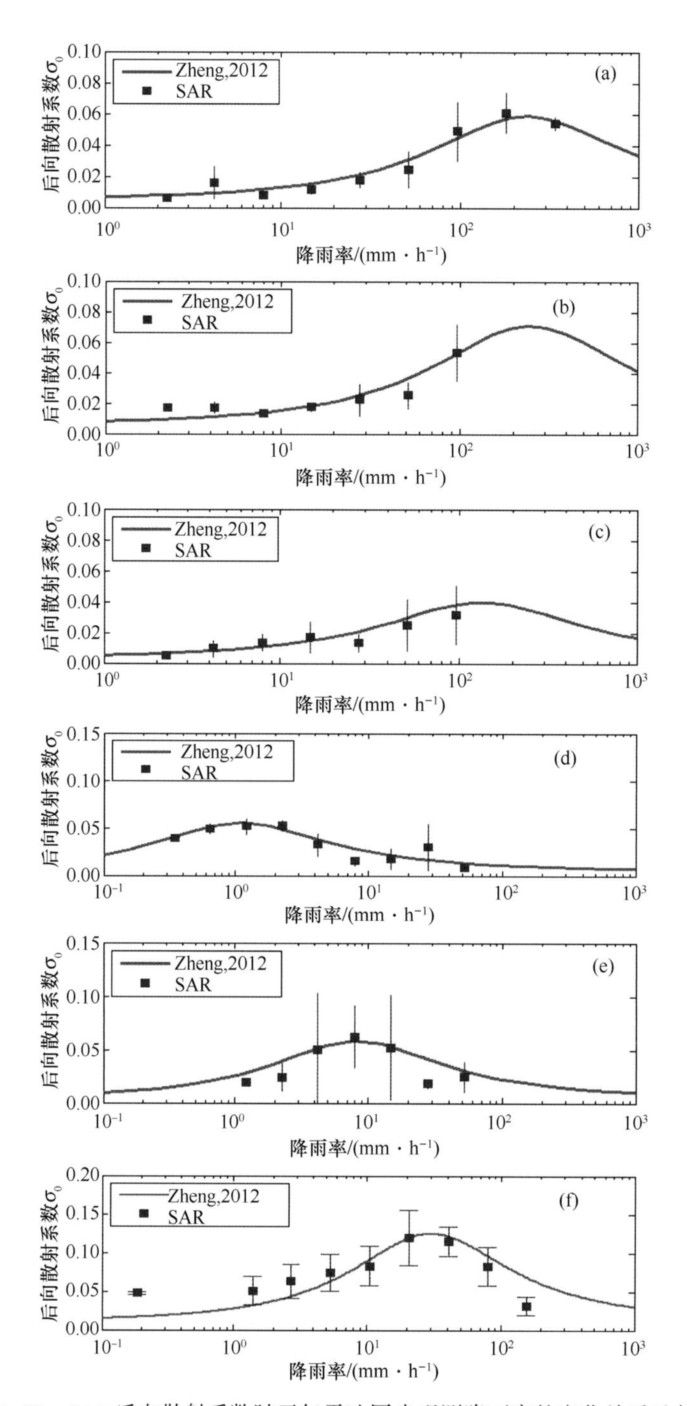

图 4-30　SAR 后向散射系数随天气雷达同步观测降雨率的变化关系及其与溅射体相干散射理论模型的匹配结果

2013 年 4 月 25 日（a）*AA′*，（b）*BB′*和（c）*CC′*；2010 年 8 月 5 日（d）*DD′*和（e）*EE′*；2006 年 11 月 19 日（f）*FF′*

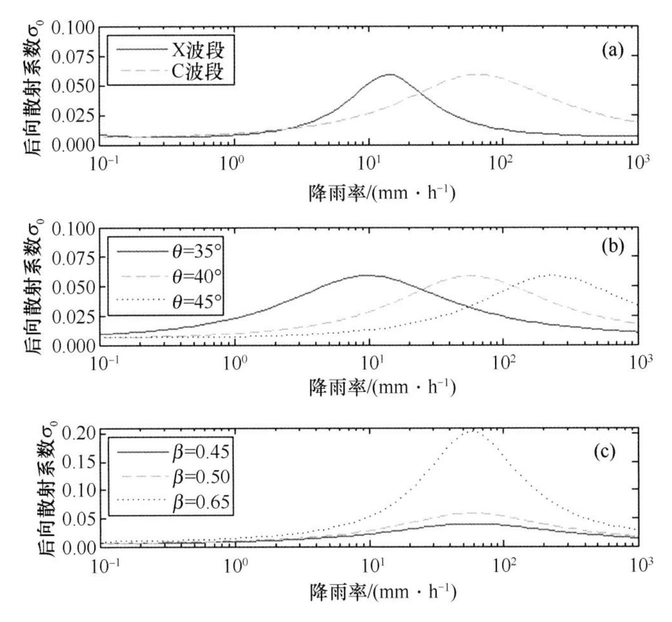

图 4-31　不同雷达波长 λ、入射角 θ 和影响因子 β 的后向散射系数随降雨率的变化曲线

(a) 入射角 θ 为 40°, β 取 0.50; (b) λ 取 5.7 cm, β 取 0.50; (c) θ 为 40°, λ 取 5.7 cm

4.3.2　海上降雨微波散射修正模型构建

将 Zheng (2012) 的海上降雨雨滴溅射体相干散射模型式 (4-33) 改写为

$$\sigma_{\mathrm{espl}} = A\frac{\beta^2}{1 - 2\beta\cos(4\pi L/\lambda\sin\theta) + \beta^2} \tag{4-34}$$

式中, $A = s\exp(-2\alpha_1 R_0)$, $\alpha_1 = (1/R_0)\int_0^{R_0}\kappa(r)\mathrm{d}r$, $\kappa(r)$ 为雷达波传播路径上的吸收系数; R_0 为雷达波传播的单程距离; s 为溅射体后向散射系数相关的因子 (Wetzel, 1987; Liu et al., 2016b); L 为降雨雨滴间的平均间距, 其表达式见式 (4-29), 为降雨率的函数; λ 为雷达波波长; β 为雷达观测的距离向上, 相邻的远距溅射体散射信号对近距散射体散射的衰减影响系数, 包含大气中雨滴、近海面 "飞沫" 层 (撞击产生的次生水滴、波浪破碎等的泡沫) 对雷达波的散射与吸收的影响, 其大小应与海面风速、雷达波频率和降雨率等相关。

假定式 (4-34) 中 $A=1/17$, 雷达波长 λ、入射角 θ 和影响因子 β 对不同降雨率下 R 对微波后向散射的影响见图 4-31。由图 4-31 (a)、(b)、(c) 3 个子图, 均可见海上降雨条件下的雷达探测后向散射系数均随降雨率的增大而增大, 但增大至一定的降雨率阈值时, 后向散射系数随着降雨率的增大而减小。

图 4-31 (a) 为入射角 θ 为 40°, 影响因子 β 取 0.50 的条件下, X 波段 (9.6 GHz,

波长 λ =3.1 cm）和 C 波段（5.3 GHz，波长 λ =5.7 cm）的雷达后向散射系数随降雨率的变化曲线，由图中变化曲线可见，不同波长微波的后向散射系数增大至其峰值时的降雨率阈值并不相同，波长越短，后向散射系数极大值对应的降雨率阈值越小。图 4-31（b）为 C 波段（5.3 GHz，波长 λ =5.7 cm）、影响因子 β 取 0.50 时，不同入射角 θ（分别为 35°、40°和 45°）条件下的雷达后向散射系数随降雨率的变化曲线，由图中变化曲线可见，雷达波入射角越小，后向散射系数增至极大值对应的降雨率阈值越小。图 4-31（c）为 C 波段（5.3 GHz，波长 λ =5.7 cm）、入射角 θ 取 40°时，不同影响因子 β（分别取 0.45、0.5 和 0.65）的雷达后向散射系数随降雨率的变化曲线，由图中变化曲线可见，影响因子 β 不影响后向散射系数极值对应的降雨率，仅影响后向散射系数的大小，β 越大，后向散射系数越大。

对于特定的微波波段（即确定的 λ）和固定影响因子 β，式（4-34）的海上降雨微波后向散射模型的后向散射系数随降雨率的变化关系主要取决于雷达波的入射角 θ，因为入射角越小，后向散射系数随降雨率达到峰值的速率越快。利用式（4-34）计算不同入射角下 C 波段后向散射系数峰值时对应的降雨率阈值 R_P，该降雨率阈值 R_P 与雷达波入射角的关系如图 4-32 所示，两者之间的关系可根据式（4-29）和式（4-34）通过导数求极值的方法获得解析式，然而其计算表达式较复杂。通过入射角 θ 与后向散射系数峰值的降雨率阈值 R_P 对应的散点，发现二者可拟合为非线性表达式：

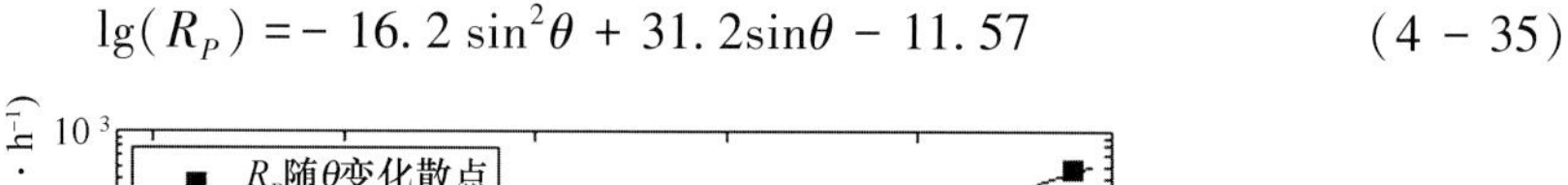

$$\lg(R_P) = -16.2\sin^2\theta + 31.2\sin\theta - 11.57 \tag{4-35}$$

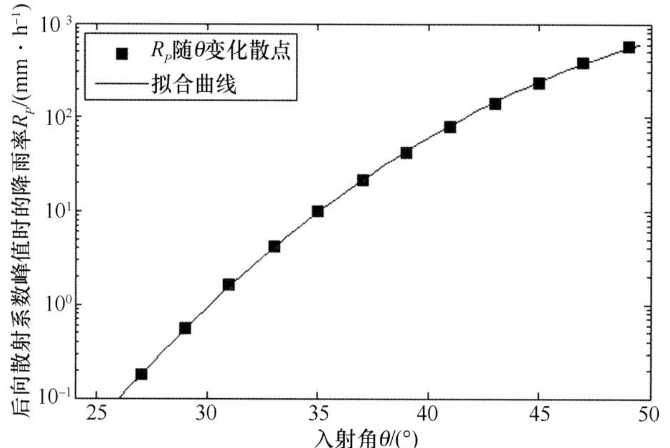

图 4-32 海上降雨微波探测入射角 θ 与其后向散射系数极大值对应的降雨率阈值 R_P 散点图及其拟合曲线

由图 4-32 可见，海上降雨微波探测的后向散射对入射角敏感，相同的海上降雨率变化，其微波探测的后向散射变化趋势可不相同。

本节对式（4-34）海上降雨散射的讨论，均是对海面散射为雨滴溅射体微波相干散射的分析。相关研究工作（如文献 Contreras and Plant，2006；Nie and Long，2007；Xu et al.，2015；Zhang et al.，2016）显示，未考虑海上降雨溅射体相干散射，仅基于风浪波和降雨水面环形波的布拉格散射的后向散射模型均获得了实测数据的验证。Zheng（2012）和Liu等（2016b）的海上降雨溅射体相干散射模型［即式（4-33）］能够很好地解释SAR图像上强降雨区域后向散射系数变小的现象（图4-26），并得到了其实验室水槽物理实验验证（Liu et al.，2016b中图6）。

综上考虑，假定在较低降雨率下，海上风浪波和降雨环形波的布拉格散射、降雨溅射体的相干体散射、大气中雨滴对微波的散射和吸收共同作用，影响到达传感器的微波后向散射。在降雨条件下的海面微波散射中，海面波浪的布拉格散射和溅射体散射各占一定的比例，该比例与降雨率、海面风速和雷达波入射角相关。遥感器获得的总后向散射系数可表示为

$$\begin{aligned}\sigma_0 &= [w\sigma_w + (1-w)\sigma_{spl}]\alpha_{atm} + \sigma_{atm} \\ &= w[(\sigma_{wind}+\sigma_{ring})\alpha_{atm}+\sigma_{atm}] + (1-w)\sigma_{cspl}\end{aligned} \tag{4-36}$$

式中，σ_w为海面波浪的布拉格散射，包括风浪的散射σ_{wind}和降雨环形波的散射σ_{ring}，即式（4-10）表示的后向散射计算模型；σ_{cspl}为溅射体的相干散射信号经降雨条件下海表面上充满“飞沫”的“下垫面”和大气中雨滴的散射、吸收后达到遥感器天线的后向散射系数，$\sigma_{cspl}=\sigma_{spl}\alpha_{atm}+\sigma_{atm}$，可表示为式（4-34）的形式；$w$为海面波浪布拉格散射在总海面后向散射中所占的比例，它应该为降雨率R、海面风速U_{10}和雷达波入射角θ的函数。根据前文示例数据降雨率与后向散射系数关系的实际情况（图4-30）及后向散射系数峰值对应的降雨率阈值（图4-32）考虑，w可表示为以下经验形式：

$$w = \exp\left(-C\frac{R}{U_{10}\sin^2\theta}\right) \tag{4-37}$$

式中，降雨率R的单位为mm/h；海面风速U_{10}的单位为m/s；雷达波入射角θ的单位为°；因子C的值取1/5。

式（4-34）中A的值取表4-2中拟合比例因子A的均值，即

$$A = 1/17 \tag{4-38}$$

式（4-38）中A的值仅适用于C波段、VV极化的微波散射，对于其他微波波段和极化方式，需根据实际数据或理论推导重新确定。

4.3.3 修正模型与已有模型的对比分析

假定一定的海面风和观测条件，对比分析海上降雨的微波散射修正模型与现有典型散射模型。图4-33为低海面风速（4 m/s和6 m/s）、顺风、不同微波入射角（38°和43°）条件下各散射模型微波后向散射系数随降雨率的变化曲线。

由图4-33可见，在表4-2中所列的海洋环境和观测条件下，各海上降雨微波后向散射模型所模拟的后向系数有所差异：①复合微波后向散射理论模型是在无雨仅风浪作用条件下的海面微波散射模型［即式（3-3）至式（3-13）所描述的模型］，其海面微

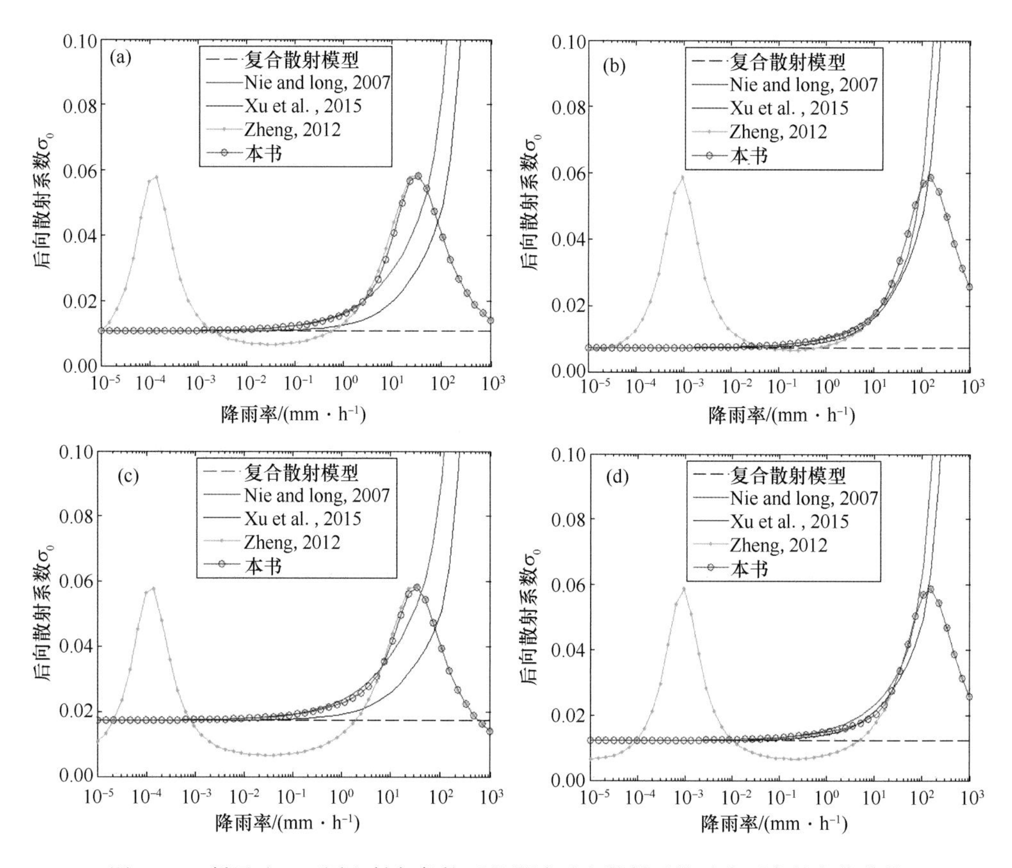

图 4-33 低风速、不同入射角条件下的微波后向散射系数随降雨率的变化曲线

（a）$U_{10}=4$ m/s，$\theta=38°$；（b）$U_{10}=4$ m/s，$\theta=43°$；（c）$U_{10}=6$ m/s，$\theta=38°$；（d）$U_{10}=6$ m/s，$\theta=43°$

波后向散射系数仅与海面风速和风向相关，降雨对其无影响；②基于遥感观测数据的经验模型（Nie and Long，2007）和基于降雨环形波的布拉格散射模型（Xu et al.，2015）仿真降雨条件下的后向散射系数随降雨率变化曲线变化趋势基本一致，经验模型的后向散射系数略高于降雨环形波的布拉格散射理论模型。该两类模型仿真计算的后向散射系数在到达一定降雨率后，随降雨率的增大而迅速增大，与实际微波遥感观测情况不符（图 4-26 和图 4-27）。③海上降雨溅射体的相干散射模型（Zheng，2012；Liu et al.，2016a，2016b）有效解析了降雨率达到某一阈值后微波后向散射系数随降雨率的增大而减小的观测事实，然而其在低降雨率（<0.1 mm/h）区间，该模型呈现周期性变化，且后向散射系数的最大值可达高降雨率时的峰值，该仿真模拟与实际微波遥感观测不符。④本书对溅射体的相干散射模型进行修正，在低降雨率时认为降雨环形波的布拉格散射占主要贡献；在后向散射系数达到峰值前，其后向散射与基于遥感观测数据的经验模型和基于降雨环形波布拉格散射模型接近；而当降雨率达到阈值时，修正模型采用降雨溅射体的相干散射模型。

在高风速条件下，海面的后向散射主要来源为海面风场的作用［因为在不进行降雨

影响校正的情况下，利用 SAR 后向散射系数反演的海面风场也具有较高的精度，如：Horstmann 等（2005）、Zhang 等（2014）、Li（2015）、Hwang 等（2015）的 SAR 风场反演研究]。图 4-34 为高海面风速（30 m/s 和 40 m/s）、顺风、不同微波入射角（38°和 43°）条件下的微波后向散射系数随降雨率变化曲线的对比情况。

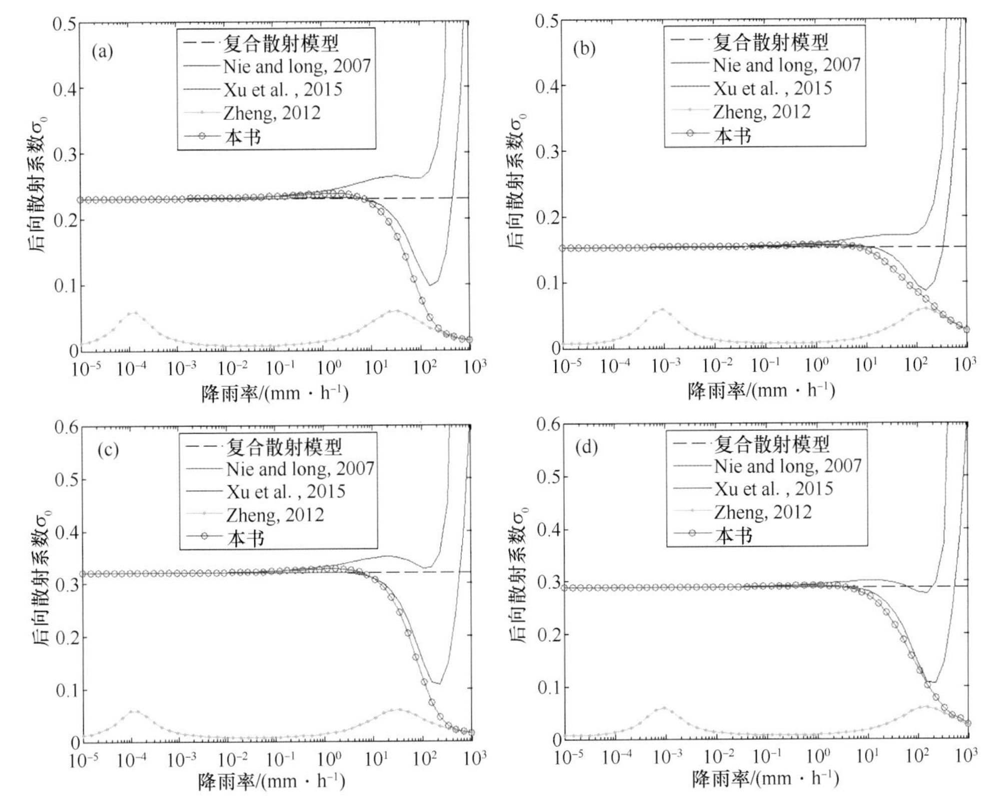

图 4-34　高风速、顺风、不同入射角条件下的微波后向散射系数随降雨率的变化曲线

（a）$U_{10}=30$ m/s；$\theta=38°$；（b）$U_{10}=30$ m/s；$\theta=43°$；（c）$U_{10}=40$ m/s；$\theta=38°$；（d）$U_{10}=40$ m/s；$\theta=43°$）

由图 4-34 高风速降雨条件下各散射模型后向散射系数随降雨率的变化曲线可见，本书的海上降雨微波散射修正模型既包含了无雨或低降雨率条件下的海面布拉格散射，还考虑了降雨溅射体的相干散射，在低降雨率条件下（约低于 10 mm/h）（图 4-34），降雨的影响会增强微波后向散射，而后随着降雨率的增大，海洋微波散射将会随降雨率的增大而降低。本书后一章节将利用 SAR 观测数据对以上模型进行验证分析。

4.4　SAR 示例分析与模型验证

利用海上降雨 SAR 观测图像和同步天气雷达降雨观测数据对本书海上降雨微波后向散射修正模型进行对比验证。

在低风速条件下，使用的示例数据即本书图4-14、图4-22、图4-27和表4-2中所列的SAR图像、天气雷达降雨观测数据和海面风场信息。图4-35为海上降雨条件下SAR后向散射系数实际观测值与各散射模型计算值的对比情况，散射模型的计算值即在SAR的观测条件（海面风速、风向和雷达波频率、极化方式和入射角）下，利用天气雷达降雨率同步观测值计算的微波后向散射系数。图4-35（a）、（b）、（c）分别为图4-14中SAR和天气雷达同步观测的剖面AA′、BB′和CC′的观测情况；图4-35（d）和（e）分别为图4-22中SAR和天气雷达同步观测的剖面DD′和EE′的观测情况；图4-35（f）为图4-27中SAR和天气雷达同步观测的剖面FF′的观测情况。

由图4-35中所示的6个低风速条件下观测剖面数据与各散射模型验证对比情况可以发现：①在较低降雨率条件下，经验模型（Nie and Long，2007）、降雨环形波布拉格散射模型（Xu et al.，2015）、海上降雨溅射体相干散射模型（Zheng，2012；Liu et al.，2016b）以及本书修正的海上降雨微波散射模型计算仿真的微波后向散射系数和SAR观测值基本一致。②在高降雨率时，经验模型和环形波布拉格散射模型比SAR观测值明显偏大，而本书的海上降雨微波散射修正模型和降雨溅射体的相干散射模型可有效对微波后向散射系数随降雨率增大而降低的情况进行仿真[见图4-35（a）中70~85 km、图4-35（d）中40~125 km、图4-35（e）中45~55 km和图4-35（f）中35~60 km区间的对比情况]。②在图4-35的各对比验证曲线中，SAR的后向散射系数曲线相对于各模型计算的后向散射系数曲线变化较“剧烈”，这是因为模型计算所使用的降雨率数据来自1 km分辨率的地面天气雷达，而SAR观测的地面分辨率为100 m，不同的分辨率数据可导致不同的降雨率观测结果（Hilburn and Wentz，2009），但它们的变化趋势是相同的。

图4-35（f）中的结果和对比情况需要说明是其采用的微波入射角并非文献Liu等（2016b）中所给的定值38°，而是在35°~41°的角度变化范围内根据其剖面距离变化均匀取值（即距离为0 km处微波入射角为35°，距离为80 km处入射角为41°）。这是因为图4-26中剖面FF′平行于距离向，对于ENVISAT卫星200 km刈幅的ASAR图像距离向80 km对应的入射角变化范围约为6°。

在高风速条件下，海上降雨的微波后向散射使用COSMO卫星SAR图像进行定性分析验证。图4-36为意大利COSMO卫星SAR对2010年13号超强台风“鲇鱼”观测的微波后向散射系数分布图。图4-36中的COSMO/SAR工作于X波段（频率9.6 GHz，波长3.1 cm）、VV极化、图像成像模式为超宽幅（HugeRegion）扫描模式，地面空间分辨率为100 m，覆盖范围为200 km×200 km，成像中心时刻为2010年10月19日09：42 UTC（a）和22：30 UTC（b），该两时刻的台风最大风速分别为53.0 m/s和58.5 m/s（图4-37，图中数据来源于美国海军的联合台风预警中心（Joint Typhoon Warning Center，JTWC））。

尽管图4-36中所示的SAR工作于X波段且本书定量的海上降雨微波后向散射修正

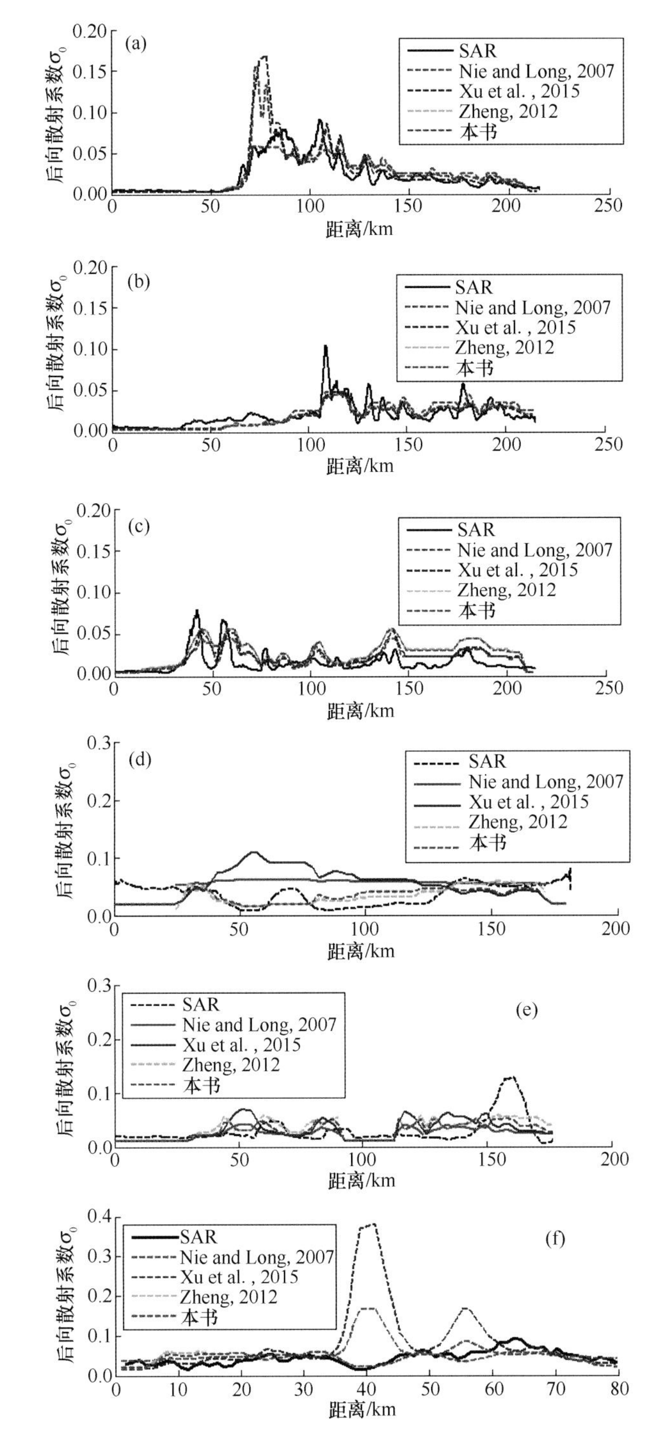

图 4-35 SAR 对海上降雨后向散射系数观测值与各散射模型对比分析

2013 年 4 月 25 日（a）*AA′*、（b）*BB′*和（c）*CC′*；2010 年 8 月 5 日（d）*DD′*和（e）*EE′*；2006 年 11 月 19 日（f）*FF′*，数据信息同图 4-30 和表 4-2

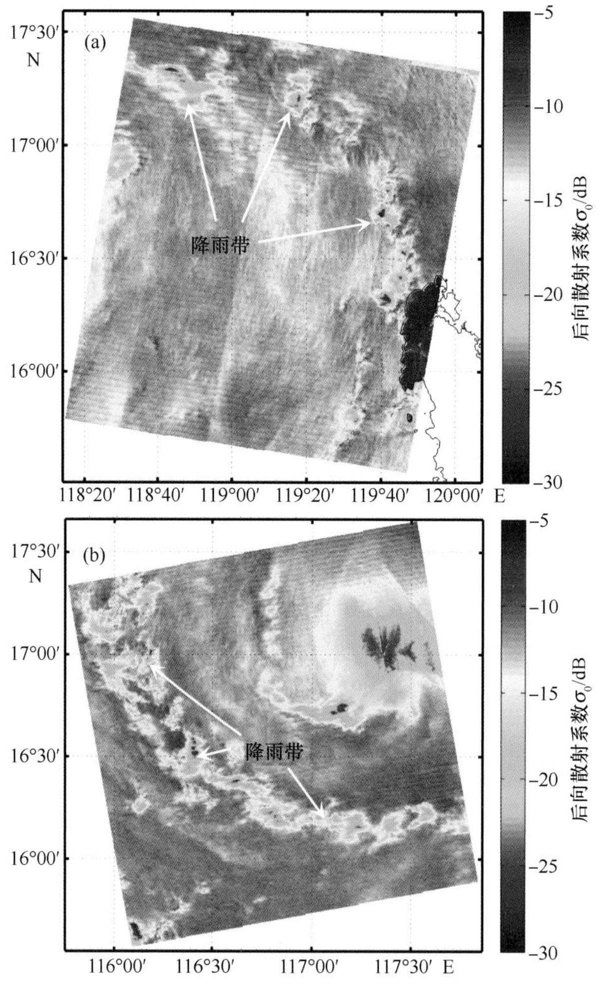

图 4-36　高风速海上降雨条件下的微波后向散射系数分布

COSMO 卫星 SAR 图像，X 波段、VV 极化，成像时间为 2010 年 10 月 19 日 09：42 UTC（a）和 22：30 UTC（b），观测对象为 2010 年 13 号超强台风“鲇鱼”

模型是针对 C 波段，但海上降雨对其微波后向散射影响的定性趋势是一致的。在图 4-36 中所展示的 SAR 台风发生海区后向散射系数分布图中，均分布有降雨带，其后向散射系数明显低于其他观测区域的后向散射系数（台风中心除外）；在降雨带，后向散射系数无明显增强区域；本书海上降雨微波后向散射修正模型的仿真结果显示，降雨对高风速下海上微波后向散射起减弱的影响（图 4-34），两者的定性对比结果是一致的。

对高于 50 m/s 海面风速条件下的微波后向散射，目前的地球物理模型函数（如 CMOD5 等）和海面散射双尺度理论模型的模拟精度均较低，因此，本书仅定性对比图 4-34的模拟仿真和图 4-36 的遥感观测结果。

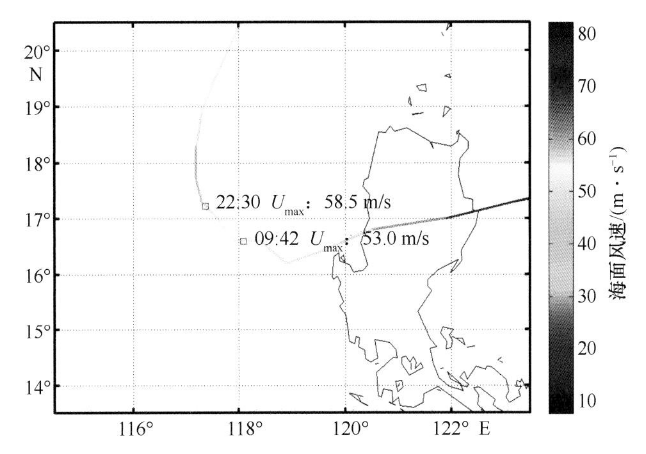

图 4-37　超强台风“鲇鱼”的移动路径及最大海面风速

图中风速标示为图 4-36 中 SAR 成像时刻 2010 年 10 月 19 日 09：42 和 22：30 UTC 的最大风速值，数据来源于美国海军的联合台风预警中心（JTWC）

第 5 章　海上降雨微波散射修正模型的SAR 海洋遥感应用

前文利用 RADARSAT-2 卫星 C 波段 SAR 图像数据对复合微波后向散射理论模型和本书海上降雨微波后向散射修正模型进行了验证，研究结果显示，本书的复合微波后向散射理论模型和海上降雨微波后向散射修正模型可分别有效模拟计算无降雨、仅风浪作用下的海面微波后向散射和降雨条件下的海洋微波后向散射。本章在前文的基础上，利用实例分析的方法，探讨海上降雨微波后向散射模型（包括仅风浪作用下的复合微波后向散射理论模型）在海面风场 SAR 反演和海上降雨率定量探测领域的海洋遥感应用。

5.1　基于复合微波后向散射理论模型的 SAR 海面风速反演

一般利用地球物理模式函数进行 SAR 图像海面风速反演。地球物理模式函数的风向输入可来源于外部风向信息（如实测风场、数值预报风场或散射计遥感风场等）（Lin et al.，2008；Xu et al.，2008a）或者 SAR 图像的风向信息（如风条纹信息和近岸背山风等）（Gerling，1986；Alpers and Brummer，1994；Vachon and Doson，1996；Fetterer et al.，1998；Thompson et al.，2001；Dankert et al.，2003；Lin et al.，2017；Ye et al.，2019；2020）。本书利用无降雨条件下的“海上降雨微波散射修正模型”（即复合微波后向散射理论模型）替代地球物理模式函数进行海面风速 SAR 反演。

5.1.1　基于复合微波后向散射理论模型的海面风场反演方法

基于无降雨条件下的海上降雨微波散射修正模型（即复合微波后向散射理论模型）海面风场反演的思路是先获得 SAR 图像覆盖海区的海面风向，再利用本书第 3 章介绍的复合微波后向散射理论模型替代地球物理模式函数，开展海面风速反演。

本书基于复合微波后向散射理论模型的海面风场 SAR 反演分析研究使用 RADARSAT-2卫星的 C 波段 SAR 和 COSMO 卫星 X 波段 SAR 进行示例分析。采用欧洲

Metop-A 和 Metop-B 卫星的先进散射计（ASCAT）海面风场遥感同步观测产品的海面风向作为 SAR 海面风速反演的风向外部输入。由于卫星轨道的设计差异，ASCAT 和 RADARSAT-2 或 COSMO 卫星对同一海区过境时间有所差异，较难获得绝对同步的观测数据。本书设置 RADARSAT-2 卫星 SAR 或 COSMO 卫星 SAR 和 ASCAT 的观测时间差不超过 3 h，即可认为 SAR 和散射计观测同步，散射计的海面风向可作为 SAR 观测海区和对应时刻的海面风向，其海面风速可作为验证的海面风速真值。

RADARSAT-2 卫星或 COSMO 卫星 SAR 数据在反演前，需先进行辐射定标，计算其 SAR 图像每个像素的后向散射系数。如对于 RARDARSAT-2 卫星，即利用本书式（3-14）计算 σ_0。对 SAR 的后向散射系数图像进行投影变换后，连同 ASCAT 的海面风向、SAR 的探测微波入射角、方位角信息和复合微波后向散射理论模型进行海面风速反演。当海面风向、SAR 的微波入射角和方位角信息确定后，复合微波后向散射理论模型的后向散射系数取决于海面风速［式（3-1）至式（3-13）］的大小，利用海面风速和后向散射系数的映射关系，确定 SAR 图像任一观测单元后向散射系数所对应的海面风速。基于复合微波后向散射理论模型的海面风场反演流程见图 5-1。

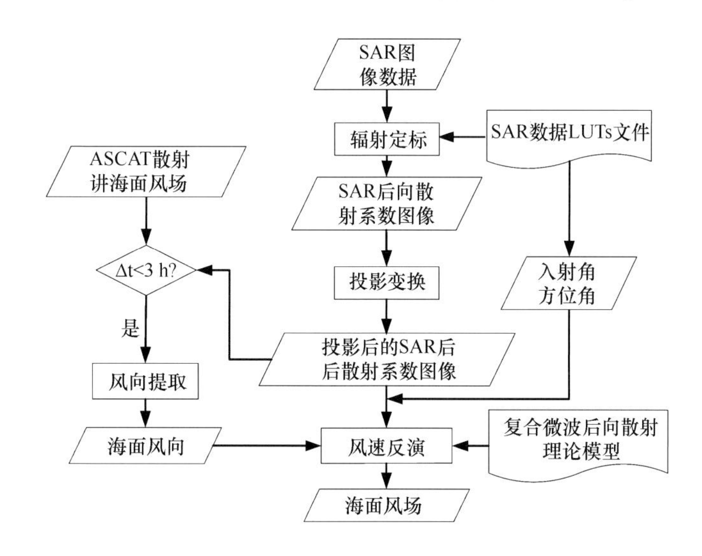

图 5-1　基于复合微波后向散射理论模型的海面风场 SAR 反演流程

由图 5-1 可见，SAR 海面风场反演的外部海面风向来源于 ASCAT 的海面风场遥感产品，ASCAT 海面风场的空间分辨率为 25 km，而本书所使用 RADARSAT-2 和 COSMO 卫星 SAR 数据均为宽幅扫描模式图像，空间分辨率为 100 m，因此，需利用 ASCAT 的风向空间插值得到 SAR 风速反演的风场单元上的风向。每个 SAR 的风速反演单元可以根据反演产品分辨率的需要确定其大小（如 1 km×1 km、5 km×5 km、25 km×25 km 等），每个风速反演单元的后向散射系数是通过其单元上所有 SAR 像素的后向散射系数平均而获得。

用于本书复合微波后向散射理论模型海面风场反演的 SAR 示例数据为 C 波段的 RADARSAT-2 卫星宽幅扫描模式 SAR 图像和 X 波段的 COSMO 卫星超宽幅扫描模式 SAR 图像。

5.1.2 C 波段 SAR 海面风速反演示例及其结果分析

本书所用的 RADARSAT-2 卫星 SAR 数据空间覆盖范围为南海北部和渤海（部分覆盖黄海北部），时间分布于 2014 年全年。通过与 ASCAT 散射计海面风场的时间和空间同步匹配（观测时间差不超过 3 h），共获得 46 景 SAR 可用于本书复合微波后向散射理论模型的海面风场示例分析，其中覆盖南海北部海区的 SAR 图像数据 32 景，覆盖渤海海区的 SAR 图像数据 14 景；VV 极化 SAR 图像数据 42 景，HH 极化 SAR 图像数据 4 景。

作为对比，本书同时使用 CMOD5 地球物理模式函数按图 5-1 相同的风速反演流程开展 SAR 风速反演，将其结果与使用复合微波后向散射理论模型的反演结果进行比较评价。其中 HH 极化的 SAR 图像数据需先将其后向散射系数乘以 Thompson 等（1998）的极化比函数获得。极化比函数具体表达式为

$$\frac{\sigma_{0HH}}{\sigma_{0VV}} = \frac{(1 + \alpha \tan^2\theta)}{(1 + 2\tan^2\theta)} \tag{5-1}$$

式中，θ 为雷达波入射角；α 取值 0.6。

图 5-2 和图 5-3 分别使用本书复合微波后向散射理论模型和 CMOD5 地球物理模式函数的 VV 极化 SAR 在南海北部的海面风速反演结果；图 5-4 和图 5-5 分别使用本书复合微波后向散射理论模型和 CMOD5 地球物理模式函数的 HH 极化 SAR 在渤海（包括黄海北部部分海区）的海面风速反演结果。图 5-2 至图 5-5 中，有色箭头展示的是 ASCAT 风场（对比检验的风速和风向），其色彩表示风速的大小，箭头指示风向。图中有色箭头清晰可见，表明 SAR 反演的海面风速与 ASCAT 海面风速间的差异较大；反之，若图中有色箭头在 SAR 反演的海面风速背景中越模糊难辨，表明 SAR 反演的海面风速和 ASCAT 散射计观测海面风速越接近。分别对比图 5-2 和图 5-3、图 5-4 和图 5-5 发现，作为对比检验的 ASCAT 散射计海面风速在 SAR 反演的海面风速背景中的清晰易辨程度基本一致，表明利用复合微波后向散射理论模型和 CMOD5 地球物理模式函数反演的 SAR 海面风速与 ASCAT 的散射计海面风速比对检验的结果相近（比对检验结果见图 5-6）。图 5-6 分别为利用复合散射理论模型和 CMOD5 反演的 2014 年 1 月 16 日和 2014 年 12 月 28 日 RADARSAT-2 卫星 C 波段 SAR 反演海面风速结果与 ASCAT 海面风速比对检验散点图，图中的散点和检验统计值同样表明，在中等入射角条件下利用复合微波后向散射理论模型和 CMOD5 地球物理模式函数反演的 SAR 海面风速的精度基本一致。

分析图 5-2 和图 5-3 的 SAR 海面风速分布图发现：在低入射角时（即图中左侧），复合微波后向散射理论模型反演的风速相比于 CMOD5 反演的风速偏大，这是因为反演模型在低入射角时（不包括垂直入射）微波散射既包括镜面反射也包括布拉格共振散

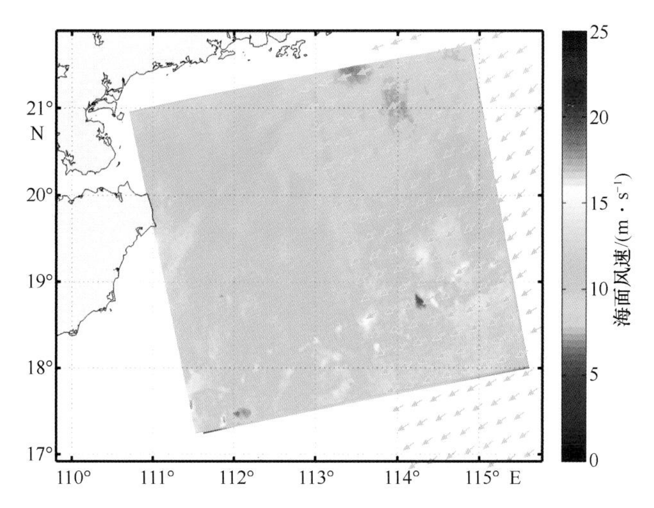

图5-2　基于复合微波后向散射理论模型的C波段VV极化SAR海面风速反演结果示例
图中色彩箭头为ASCAT风场，色彩表示风速大小，箭头指示风向；RADARSAT-2卫星SAR观测时间为2014年1月16日10：37 UTC；ASCAT观测时间为2014年1月16日08：01 UTC

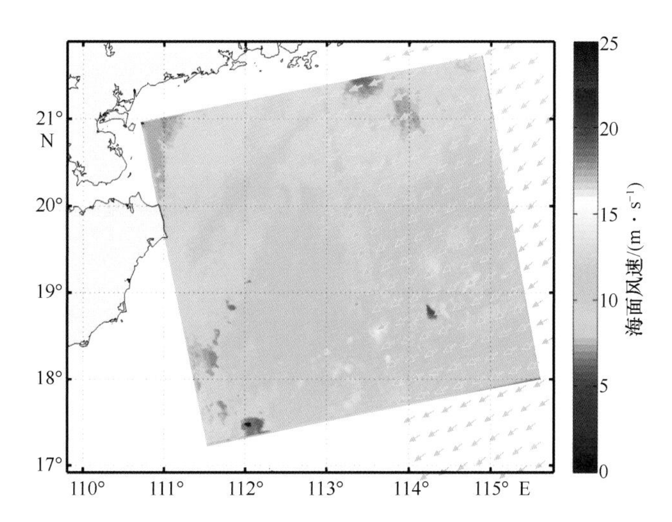

图5-3　基于CMOD5的C波段VV极化SAR海面风速反演结果示例
图中色彩箭头为ASCAT风场，色彩表示风速大小，箭头指示风向；RADARSAT-2卫星SAR观测时间为2014年1月16日10：37 UTC；ASCAT观测时间为2014年1月16日08：01 UTC

射，微波散射模型较难模拟其散射。本书的复合微波后向散射理论模型假定在入射角小于10°时即完全采用式（3-12）的几何光学近似的镜面反射模型，而不同的文献认为镜面反射占微波后向散射主导地位时的微波入射角阈值选择有所差异，如Hwang等（2010）选用10°，Donelan和Piseson（1987）选用18°，徐丰和贾复（1996）选用20°，Ye等（2020）的分析认为此入射角阈值选择18°为最优值。在既包括布拉格散射又包括镜面反射的低入射角条件下，复合微波后向散射理论模型不能较好地模拟海面微波散

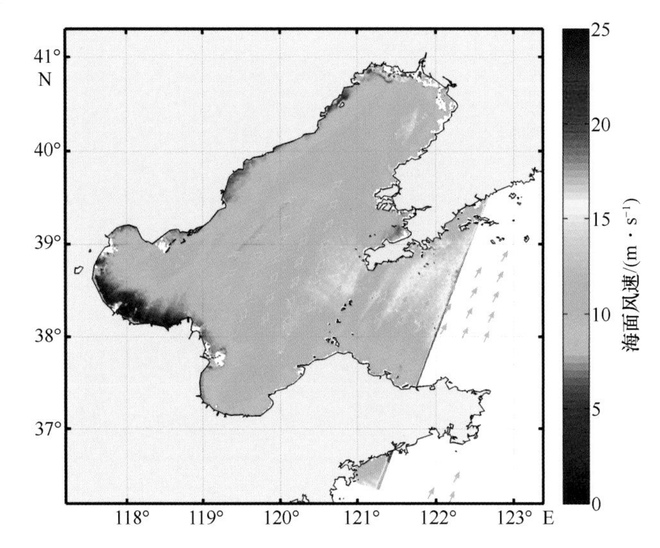

图 5-4 基于复合微波后向散射理论模型的 C 波段 HH 极化 SAR 海面风速反演结果示例

图中色彩箭头为 ASCAT 风场，色彩表示风速大小，箭头指示风向；RADARSAT-2 卫星 SAR 观测时间为 2014 年 12 月 18 日 22：56 UTC；ASCAT 观测时间为 2014 年 12 月 18 日 20：20 UTC

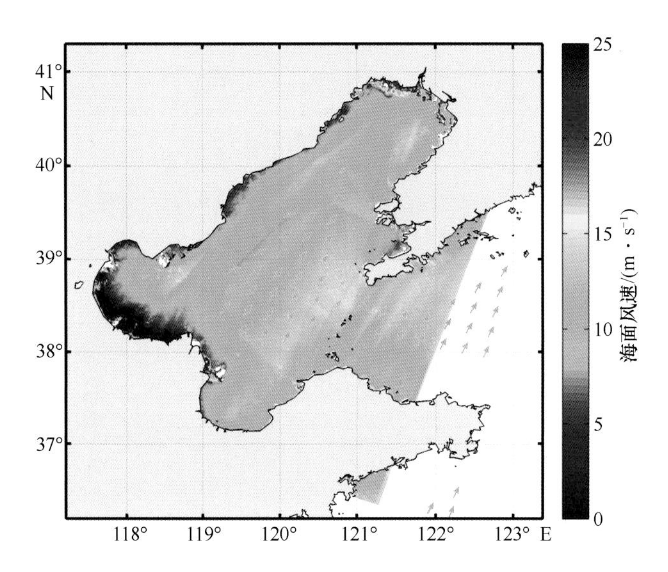

图 5-5 基于 CMOD5 的 HH 极化 SAR 海面风速反演结果示例

图中色彩箭头为 ASCAT 风场，色彩表示风速大小，箭头指示风向；RADARSAT-2 卫星 SAR 观测时间为 2014 年 12 月 18 日 22：56 UTC；ASCAT 观测时间为 2014 年 12 月 18 日 20：20 UTC

射，其 SAR 反演的风速的可靠性也相应降低（见图 5-2 左侧区域），因此，复合微波后向散射理论模型在低入射角条件下的 SAR 海面风速反演仍需在将来做更深一步的研究分析。同时需要说明的是，图 5-4 和图 5-5 中近岸的 SAR 海面风速反演异常大值，是由冬季渤海海冰、小尺度人工设施（如石油平台）、陆地后向散射（陆地掩膜分辨率小于

SAR图像空间分辨率）等因素的影响造成的。

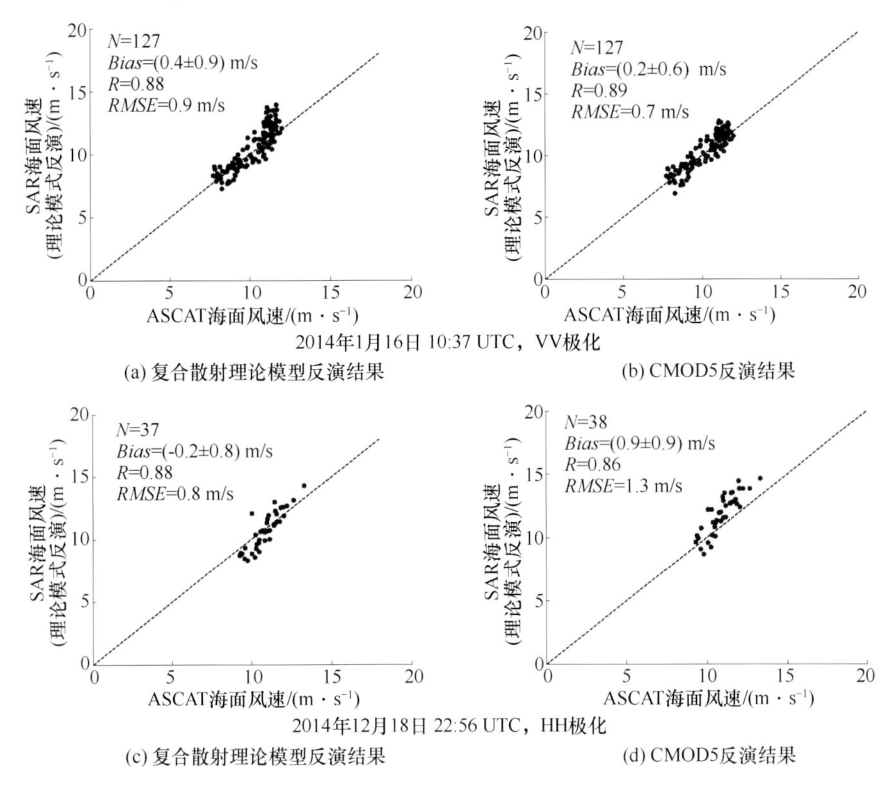

图5-6 分别利用复合微波后向散射理论模型和CMOD5的RADARSAT-2卫星C波段SAR海面风速反演结果与ASCAT海面风速比对检验结果示例

用于本书复合微波后向散射理论模型SAR海面风场反演示例分析的RADARSAT-2卫星C波段宽幅扫描模式SAR图像数据信息（包括成像时间、覆盖海区和极化方式）、用于提供反演外部风向和反演精度验证的ASCAT散射计信息（包括卫星平台、与SAR观测的时间差、风速均值与标准方差）、使用CMOD5地球物理模式函数和本书复合微波后向散射理论模型的海面风速反演精度评价结果（包括对比数据点数、偏差均值与方差、均方根误差）汇总见表5-1。全部46景SAR图像反演的海面风速相对于ASCAT海面风速的偏差（含方差）和均方根误差分别见图5-7和图5-8。

利用复合微波后向散射理论模型和CMOD5地球物理模式函数对RADARSAT-2卫星C波段SAR海面风速反演的一一对比情况（图5-7和图5-8）可见：两者的SAR海面风速反演精度基本一致，其偏差绝对值、均方根误差值差异较小；当复合微波后向散射理论模型反演的海面风速精度较高或较低时，CMOD5反演的风速精度也相应较高或较低。利用复合微波后向散射理论模型和CMOD5反演的SAR海面风速的均方根误差的差值见图5-9，其差值的最大值为1.5 m/s，差值超过1 m/s的SAR图像数为3景（SAR图像总数为46景），平均差值和标准方差为（0.3±0.4）m/s。

表 5-1　RADARSAT-2 卫星 C 波段 SAR 数据信息及其海面风速反演精度评价结果

序号	时间 年-月-日 时：分	覆盖海区	极化	同比 ASCAT 卫星	观测时间差 /h	CMOD5 反演结果			本书散射理论模型反演结果			同比 ASCAT 风速均值 /（m·s^{-1}）
						N	*Bias*±*std* /（m·s^{-1}）	*RMSE* /（m·s^{-1}）	N	*Bias*±*std* /（m·s^{-1}）	*RMSE* /（m·s^{-1}）	
1	2014-01-16 10：37	南海北部	VV	Metop-B	2.6	127	0.2±0.6	0.7	127	0.4±0.9	0.9	10.3±1.2
2	2014-01-21 09：56	渤海	HH	Metop-A	2.4	43	-0.7±1.9	2.0	43	0.5±1.6	1.7	8.4±1.0
3	2014-01-23 10：33	南海北部	VV	Metop-A	2.7	250	-0.2±0.7	0.7	252	0.2±0.9	0.9	8.7±1.2
4	2014-01-18 09：41	南海北部	VV	Metop-B	2.8	14	-0.5±0.5	0.6	14	-0.5±0.8	0.9	12.8±0.3
5	2014-02-11 09：41	南海北部	VV	Metop-B	2.9	16	-0.3±1.1	1.1	16	0.1±1.5	1.5	12.3±0.5
6	2014-02-16 10：33	南海北部	VV	Metop-A	2.7	244	0.0±0.7	0.7	243	0.7±1.2	1.4	4.1±1.8
7	2014-02-26 10：41	南海北部	VV	Metop-A	2.5	51	-0.6±1.1	1.2	51	-0.6±1.1	1.3	4.3±0.6
8	2014-02-23 10：29	南海北部	VV	Metop-B	2.9	91	-0.3±0.8	0.9	90	0.9±0.6	1.0	8.4±0.5
9	2014-03-17 09：50	南海北部	VV	Metop-B	2.7	17	-0.4±0.5	0.6	17	-0.7±0.5	0.9	5.9±0.3
10	2014-03-12 10：33	南海北部	VV	Metop-A	2.8	224	-0.0±0.9	0.9	224	0.7±1.3	1.4	2.7±1.3
11	2014-03-24 09：48	渤海	HH	Metop-A	2.8	22	-1.2±1.0	1.5	22	0.4±1.7	1.7	4.8±1.2
12	2014-04-05 10：33	南海北部	VV	Metop-A	2.8	154	-0.7±0.9	1.2	154	0.1±0.7	0.7	8.4±0.8
13	2014-04-08 10：45	南海北部	VV	Metop-B	2.5	37	0.1±1.2	1.2	37	0.2±1.2	1.2	3.9±2.7
14	2014-04-15 10：41	南海北部	VV	Metop-A	2.6	158	-0.2±0.6	0.6	157	0.1±0.6	0.6	8.0±0.7
15	2014-04-29 10：33	南海北部	VV	Metop-A	2.9	106	-0.8±0.4	0.9	106	0.9±0.7	1.1	6.0±0.9
16	2014-04-27 09：56	渤海	VV	Metop-A	2.6	54	1.1±0.9	1.4	53	1.5±0.9	1.7	5.3±2.5
17	2014-04-03 09：56	渤海	VV	Metop-A	2.5	81	-1.0±2.1	2.3	81	-1.4±2.6	2.9	8.2±2.9
18	2014-04-10 09：52	渤海	VV	Metop-B	2.8	50	0.0±1.3	1.3	50	0.8±1.8	1.9	3.0±1.3

续表

序号	时间 年-月-日 时：分	覆盖海区	极化	同比 ASCAT 卫星	观测时间差 /h	CMOD5 反演结果			本书散射理论模型反演结果			同比 ASCAT 风速均值 /（m·s^{-1}）
						N	$Bias±std$ /（m·s^{-1}）	$RMSE$ /（m·s^{-1}）	N	$Bias±std$ /（m·s^{-1}）	$RMSE$ /（m·s^{-1}）	
19	2014-05-09 10：41	南海北部	VV	Metop-A	2.6	193	-1.6±1.8	2.4	193	-2.0±2.1	2.9	8.5±2.0
20	2014-05-16 10：37	南海北部	VV	Metop-B	2.9	173	-1.3±0.7	1.5	173	0.1±1.2	1.2	6.0±0.5
21	2014-05-23 10：33	南海北部	VV	Metop-A	2.9	61	-1.1±0.5	1.2	62	1.8±0.9	2.0	6.7±0.4
22	2014-05-02 10：45	南海北部	VV	Metop-B	2.5	85	-0.5±1.6	1.6	85	-0.2±1.6	1.6	7.4±2.7
23	2014-05-04 09：52	渤海	VV	Metop-B	2.8	29	-0.1±2.2	2.2	29	1.1±2.8	3.0	4.0±0.8
24	2014-05-21 09：56	渤海	VV	Metop-A	2.7	38	-0.1±0.9	0.9	38	0.6±0.8	1.0	4.6±0.6
25	2014-05-26 10：45	南海北部	VV	Metop-B	2.6	113	-0.7±0.7	1.0	113	-1.1±0.8	1.4	3.7±0.8
26	2014-06-09 10：37	南海北部	VV	Metop-B	2.9	111	-0.6±1.1	1.2	111	0.4±1.6	1.7	3.7±1.5
27	2014-06-19 10：45	南海北部	VV	Metop-B	2.7	124	-1.3±0.8	1.6	125	-2.3±1.5	2.7	6.9±0.6
28	2014-06-26 10：41	南海北部	VV	Metop-A	2.8	200	-0.6±0.7	0.9	199	-0.3±0.9	0.9	4.9±0.7
29	2014-06-14 09：56	渤海	VV	Metop-A	2.7	34	-1.4±0.7	1.5	34	-1.3±0.9	1.6	3.0±1.1
30	2014-07-10 22：52	渤海	VV	Metop-B	2.4	28	-1.7±0.9	1.9	28	-1.6±0.9	1.8	9.2±1.6
31	2014-07-17 22：48	渤海	VV	Metop-A	2.5	76	0.1±1.2	1.2	77	0.2±1.1	1.2	3.5±1.1
32	2014-07-13 10：45	南海北部	VV	Metop-B	2.7	142	-0.1±0.8	0.8	143	-0.2±0.8	0.8	5.7±1.0
33	2014-07-20 10：41	南海北部	VV	Metop-A	2.8	142	-0.5±0.7	0.9	140	0.1±0.9	0.9	3.9±0.8
34	2014-07-25 10：00	渤海	VV	Metop-B	2.7	22	0.9±1.6	1.8	22	0.9±1.4	1.6	6.0±1.4
35	2014-08-01 09：56	渤海	VV	Metop-A	2.8	4	-0.4±0.1	0.4	4	1.6±0.2	1.6	5.0±0.4
36	2014-08-06 10：45	南海北部	VV	Metop-B	2.8	146	-0.3±1.2	1.2	145	-1.1±1.2	1.7	5.0±1.3

续表

序号	时间 年-月-日 时：分	覆盖海区	极化	同比 ASCAT 卫星	观测时间差 /h	CMOD5 反演结果			本书散射理论模型反演结果			同比 ASCAT 风速均值 /（m·s^{-1}）
						N	*Bias*±*std* /（m·s^{-1}）	*RMSE* /（m·s^{-1}）	*N*	*Bias*±*std* /（m·s^{-1}）	*RMSE* /（m·s^{-1}）	
37	2014-08-13 10：41	南海北部	VV	Metop-A	2.9	92	-0.5±0.9	1.0	92	0.4±1.4	1.5	5.8±1.5
38	2014-09-30 10：41	南海北部	VV	Metop-A	3.0	10	-2.1±1.1	2.3	10	-0.5±1.8	1.8	4.5±0.3
39	2014-08-30 10：45	南海北部	VV	Metop-B	2.8	110	-0.8±1.2	1.4	109	-0.1±1.1	1.1	5.4±0.6
40	2014-10-17 10：45	南海北部	VV	Metop-B	2.9	21	-0.9±0.9	1.2	21	0.7±1.1	1.3	9.8±0.7
41	2014-11-07 10：33	南海北部	VV	Metop-B	2.6	132	0.2±0.8	0.8	133	0.7±1.2	1.3	9.1±1.5
42	2014-12-01 10：33	南海北部	VV	Metop-B	2.6	188	-0.2±1.0	1.0	187	0.7±1.6	1.8	13.0±0.8
43	2014-12-18 10：37	南海北部	VV	Metop-A	2.5	60	-0.1±0.8	0.8	60	1.9±1.3	2.3	13.0±0.5
44	2014-12-25 10：33	南海北部	VV	Metop-B	2.7	238	-0.3±0.9	0.9	240	1.0±1.2	1.6	12.8±1.0
45	2014-12-18 22：56	渤海	HH	Metop-A	2.6	38	0.9±0.9	1.3	37	-0.2±0.8	0.8	10.9±0.9
46	2014-12-25 22：52	渤海	HH	Metop-B	2.8	31	-0.7±1.8	1.9	31	0.0±2.2	2.2	3.9±1.2

*注：表中“同步 ASCAT 卫星”为搭载 ASCAT 的 Metop-A 卫星或 Metop-B 卫星；“观测时间差”指 ASCAT 观测时刻至 SAR 观测时刻的时间差，正值表示 ASCAT 先于 SAR 过境探测。“*N*”表示一景 SAR 图像中用于风速精度评价的风速比对值的个数。

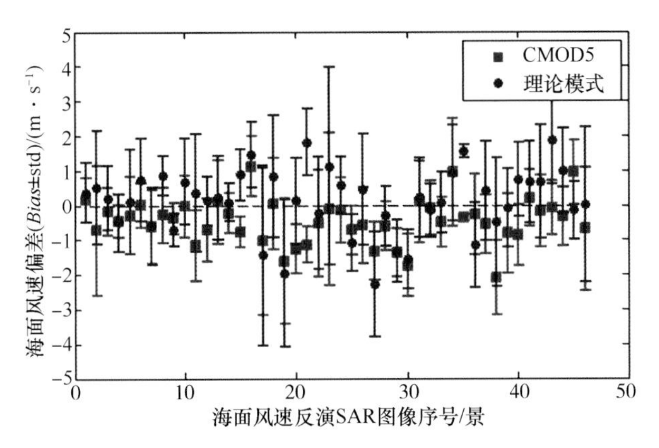

图5-7 使用复合微波后向散射理论模型和CMOD5的RADARSAT-2卫星C波段SAR海面风速反演结果与ASCAT海面风速对比的偏差（图中误差棒为标准方差）

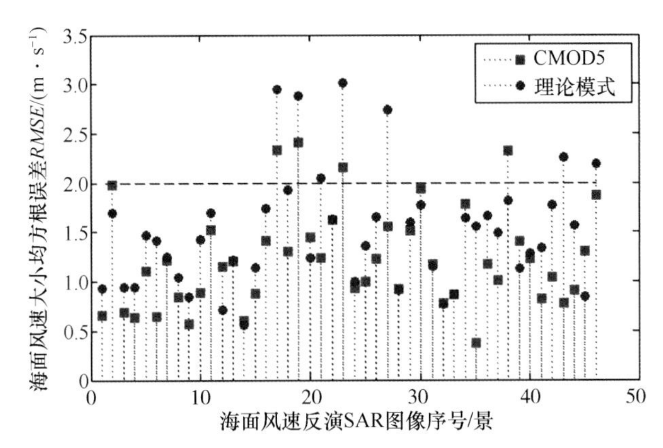

图5-8 使用复合微波后向散射理论模型和CMOD5的RADARSAT-2卫星C波段SAR海面风速反演的均方根误差（与ASCAT海面风速对比检验）

按照每0.5 m/s的区间对SAR海面风速反演的均方根误差进行直方图分布显示（图5-10）。由图5-10可见，利用CMOD5反演的SAR海面风速均方根误差小于2.0 m/s的SAR图像数量为43景，占总SAR图像数的93%；利用复合微波后向散射理论模型反演的SAR海面风速均方根误差小于2.0 m/s的SAR图像数量为39景，占总SAR图像数的85%，其余SAR图像反演的海面风速的均方根误差不超过3 m/s。

本书海面风速反演示例与分析的46景SAR图像中，并非所有SAR反演的海面风速的均方根误差均满足2 m/s。这是因为受RADARSAT-2卫星和Metop-A/B卫星的轨道参数限制，它们在南海北部和渤海的观测时间相差均超过2.4 h（表5-1），而SAR反演的海面风速的均方根误差是相对于ASCAT海面风速对比检验获得的。

图5-11为利用复合微波后向散射理论模型和CMOD5的RADARSAT-2卫星SAR反演海面风速均方根误差随检验海面风速的分布图。由图5-11中均方根误差随海面风速

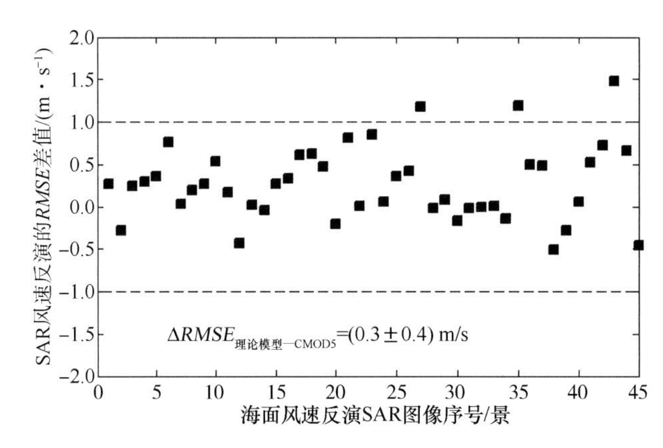

图 5-9 使用复合微波后向散射理论模型和 CMOD5 的 RADARSAT-2 卫星 C 波段 SAR 海面风速反演的均方根误差差值

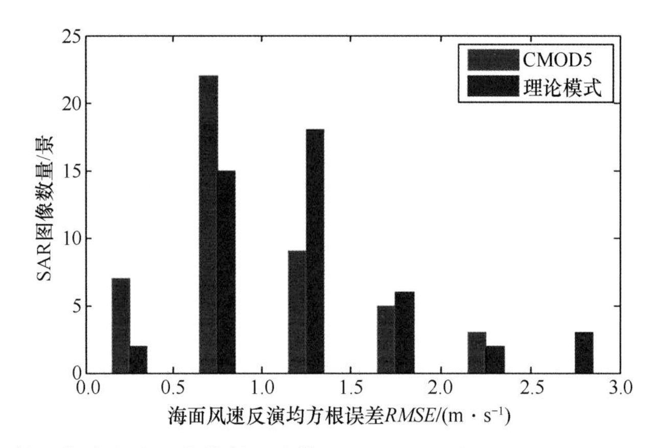

图 5-10 使用复合微波后向散射理论模型和 CMOD5 的 RADARSAT-2 卫星 C 波段 SAR 海面风速反演的均方根误差直方分布

值的分布散点可见，当海面风速为 9~14 m/s 时，SAR 反演的海面风速均方根误差较小。由此可见，模型在 SAR 海面风速反演过程中，海况条件也是影响反演精度的因素之一。这是因为，风速反演模型对海况条件具有一定的适用性，如本书的复合微波后向散射理论模型是建立在海浪谱的基础上的，海面风速等海况条件可影响海浪谱的准确程度。

根据表 5-1 的 SAR 海面风速反演信息表可计算得到：使用 CMOD5 的 SAR 海面风速反演均方根误差的均值为 1.2 m/s，使用微波后向散射理论模型的 SAR 海面风速反演均方根误差的均值为 1.5 m/s，两者差异较小，且均满足均方根误差小于 2 m/s 的海洋遥感反演指标。

需要说明的是，表 5-1 中检验结果是 25 km 分辨率的 SAR 海面风速反演值和 ASCAT 海面风速的对比结果（因为 ASCAT 的海面风速空间分辨率也为 25 km），以不同空间分辨率的 SAR 海面风速反演结果会存在细微差异，然后其反演结果和前文获得的关于复合

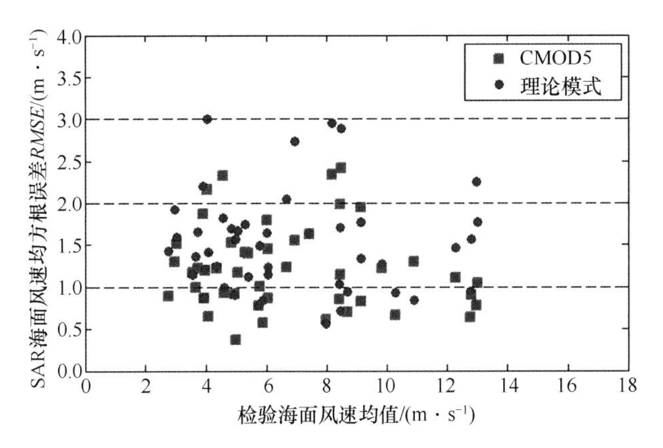

图 5-11 使用复合微波后向散射理论模型和 CMOD5 的 RADARSAT-2 卫星 C 波段 SAR 海面风速反演均方根误差相对于其检验海面风速的分布

微波后向散射模型可适用于 SAR 海面风速反演的结论是一致的。

由表 5-1、图 5-6 至图 5-11 的结果和以上分析可获得结论：本书复合微波后向散射理论模型和 CMOD5 地球物理模式函数在 C 波段 SAR 海面风速反演的效果基本相同，本书的复合微波后向散射理论模型可应用于 C 波段的 SAR 海面风速反演。

5.1.3 X 波段 SAR 海面风速反演示例及其结果分析

用于 X 波段 SAR 海面风速反演示例的数据为意大利 COSMO 卫星 SAR 图像数据。COSMO/SAR 工作于 X 波段（频率为 9.6 GHz，波长为 3.1 cm），本书所用的 2 景 COSMO 卫星 SAR 示例数据均为 VV 极化、超宽幅扫描模式，地面空间分辨率为 100 m，地面覆盖范围为 200 km×200 km，覆盖区域均为南海北部，成像时间分别为 2013 年 4 月 28 日 10：09 UTC 和 2013 年 5 月 24 日 10：45 UTC，其原始数据图像见图 5-12。

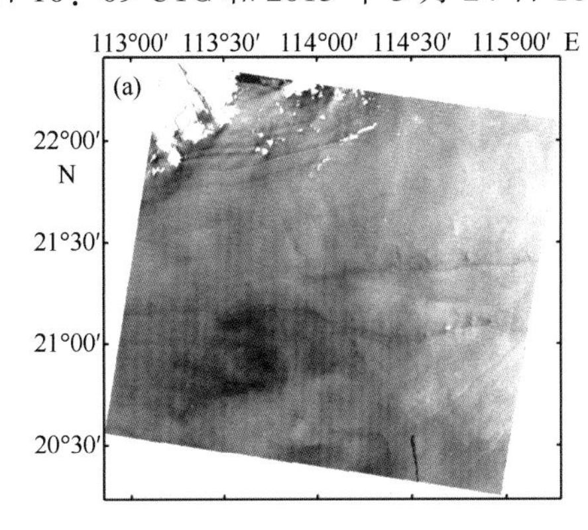

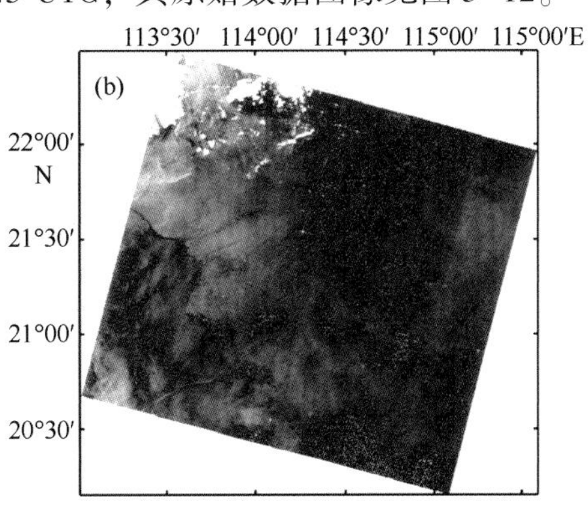

图 5-12 COSMO 卫星 X 波段 SAR 原始图像

VV 极化、超宽幅扫描模式，观测时间为（a）2013 年 4 月 28 日 10：09 UTC 和（b）2013 年 5 月 24 日 10：45 UTC

对图 5-12 的 COSMO/SAR 数据进行辐射定标，定标方法可采用 COSMO 产品手册的定标流程或欧洲航天局（ESA）的 SNAP 软件完成。以准同步观测 ASCAT 散射计风向作为 SAR 海面风速反演的风向输入，利用本书的复合微波后向散射理论模型进行海面风速反演，反演结果见图 5-13。图 5-13 中有色箭头表示准同步的 ASCAT 散射计海面风场，其箭头色彩表示风速的大小，箭头指示风向，色彩与 SAR 反演的背景风场的对比辨识程度代表 SAR 反演的海面风速与准同步的 ASCAT 散射计海面风速的差异程度。图 5-13（a）中 SAR 与 ASCAT 观测时间相差 2.8 h，图 5-13（b）中 SAR 与 ASCAT 观测时间相差 2.5 h。由图 5-13 可见，代表 SAR 海面风速的背景色彩和 ASCAT 散射计风场矢量箭头的色彩基本相同，该现象表明两景 X 波段 SAR 反演的海面风速与同比的散射计海面风速基本一致。

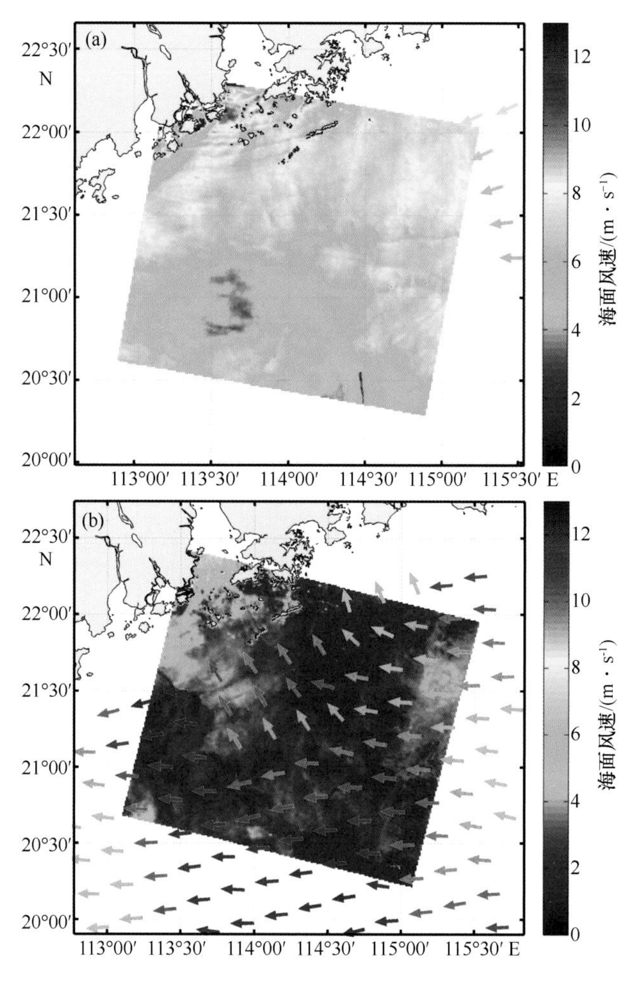

图 5-13　COSMO 卫星 X 波段 SAR 海面风速反演结果

（a）2013 年 4 月 28 日 10：09 UTC；（b）2013 年 5 月 24 日 10：45 UTC。
图中有色箭头为 ASCAT 风场，色彩表示风速大小，箭头指示风向

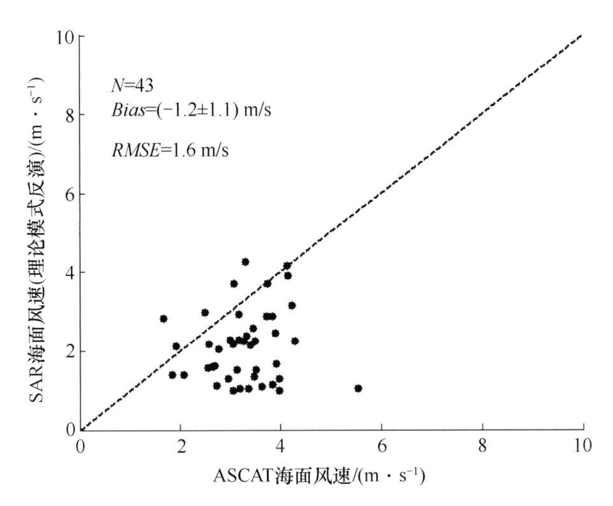

图 5-14　COSMO 卫星 X 波段 SAR 海面风速反演结果与
ASCAT 海面风速的对比检验散点

2013 年 5 月 24 日 10：45 UTC，即图 5-13（b）中所示的 SAR

图 5-13（a）中 SAR 与准同步观测 ASCAT（时间差为 2.8 h）在观测海区的地理空间并非完全重叠，但由图可见，图中 SAR 反演的风速的大小分布和 ASCAT 的海面风速矢量所代表的值基本一致。对图 5-13（a）中 SAR 覆盖范围内的海面风速进行统计，其平均值为 6.3 m/s，而图 5-13（a）所示范围内显示的 ASCAT 海面风速平均值为 6.6 m/s，两者基本一致。图 5-14 为 2013 年 5 月 24 日 10：45 UTC 时刻 SAR 海面风速反演结果［5-13（b）］与其准同步的 ASCA 海面风速对比检验的散点图，该 X 波段 SAR 海面风速反演结果相对于 ASCAT 海面风速的均方根误差为 1.6 m/s。

根据以上两景 X 波段的 COSMO 卫星 SAR 数据的海面风速反演结果（图 5-13 和图 5-14）与分析表明：本书复合微波后向散射理论模型可应用于 X 波段的 SAR 海面风速反演，其反演精度可达到 2 m/s 的应用精度指标要求。

5.2　基于降雨信息的 SAR 海面风场反演

强对流性降雨（雨团）是低纬度地区降雨的主要形式。海上雨团发生时，常常伴随有下沉气流。下沉气流到达海面后，迅速向四周扩散，而与海面背景风相互叠加后，会改变降雨区域附近局地海面风场的分布。本书利用雨团在 SAR 图像上形成的特征信息确定海面风向而开展 SAR 海面风场反演。

5.2.1　海上雨团 SAR 图像特征及其分析

SAR 利用其高分辨率和全天候工作特性，雨团可被 SAR 图像所观测到。雨团下沉气流与海面背景风场相互作用后，当背景风速小于下沉风速时，在SAR图像上会形成顺风向变亮、逆风向变暗的圆形或椭圆形图斑（Alpers and Melsheimer，2004；Ye et al.，2016；叶小敏等，2018）。图5-15为1景具有雨团足印图斑的RADARSAT-2卫星C波段VV极化宽幅扫描模式的SAR图像，成像于2012年5月24日22：20 UTC，覆盖区域为南海北部及海南岛以东、广东以南海区。

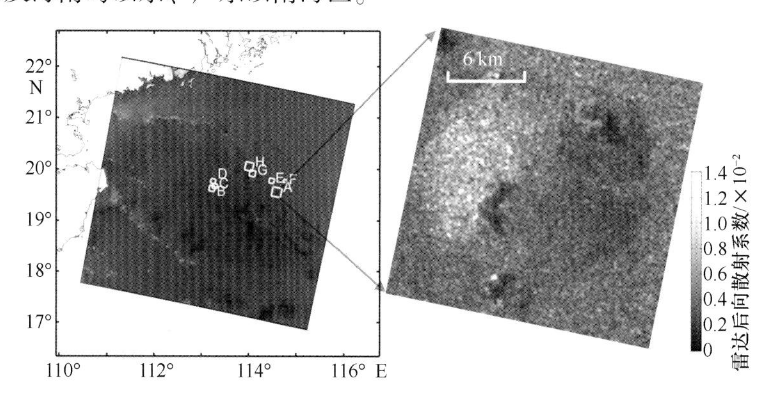

图5-15 具有雨团信息的RADARSAR-2卫星SAR图像

C波段，VV极化，宽幅扫描模式，成像时间2012年5月24日22：20 UTC，覆盖区域为南海北部，左图中编号A~H为8个雨团足印的位置，右图子图像为雨团图斑A的后向散射系数（即归一化散射截面，NRCS）分布

图5-15右侧的子图像为SAR图像上雨团足印图斑的放大显示图，其灰度为后向散射系数值。从图像平面分布可见，其西北（左上）向偏亮，而反向的东南（右下）向偏暗，图斑基本上为圆形分布。根据该雨团圆形图斑的外围锋面，可确定其直径D。以图斑的中心为圆心，取半径分别为0.17D、0.25D和0.33D的圆环形剖面，分析剖面上的SAR后向散射系数的变化曲线，即散射系数随方位角的变化曲线见图5-16。

从图5-16中显示，SAR图像中雨团足印的不同半径上的后向散射系数曲线变化均呈现方向性，即在相同的方位，后向散射均一致偏大（图中280°方位），而在其反向方位（图中100°方位）后向散射系数均一致偏小。取经过图5-15中图斑A的圆心和极大、极小后向散射系数位置的直线剖面，其上后向散射系数随距离的变化曲线见图5-17。图5-17显示，经过SAR图像中雨团足印圆心和极大、极小后向散射系数位置的直线剖面上的后向散射系数曲线呈现距离上的余弦变化规律。

在非降雨仅存在风浪作用的海面区域，其SAR观测的海面后向散射系数反映了海面风速的大小和方向。以外部海面风场的风向为风向输入，利用地球物理模型函数进行海面风场反演，对反演的海面风场进行分析，分析雨团足印区域的海面风场特征。

使用CMOD4作为地球物理模式函数对图5-15的SAR进行海面风速反演。这里选用CMOD4作为反演模式函数是因为Xu等（2008a）的研究成果表明，在图5-15中所示SAR覆盖的南海海区，CMOD4地球物理模式函数相比于CMOD5和CMOD-IFR2的SAR

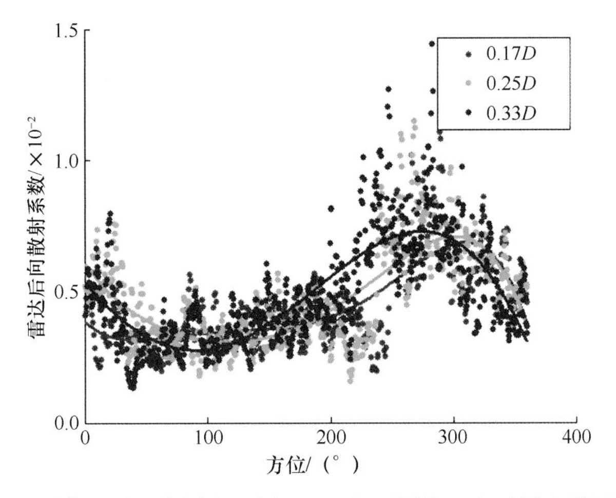

图 5-16 SAR 图像雨团足印图斑（图 5-15 中 A 图斑）上不同半径环形剖面上的后向散射系数随方位角变化曲线

图中实线为相应颜色散点的拟合曲线；D 为雨团直径大小

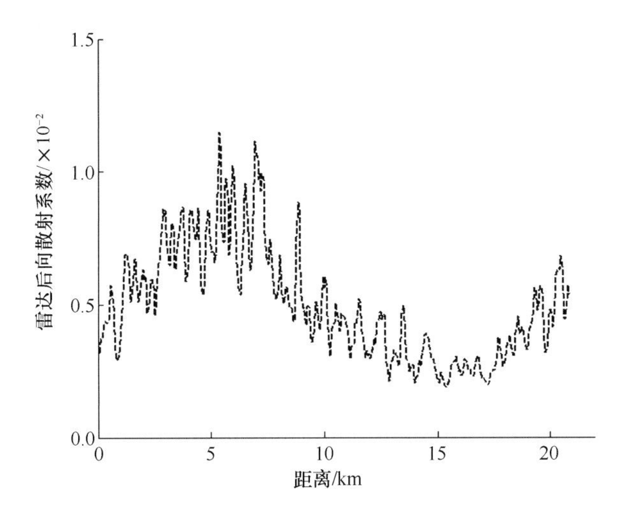

图 5-17 SAR 图像雨团足印（图 5-15 中 A 图斑）上经过圆心和极大、极小后向散射系数位置的直线剖面上的后向散射系数随距离的变化曲线

海面风速反演效果较好。Ye 等（2016）的反演结果显示，图 5-15 中 SAR 反演的海面风速相对于同步的 NCEP 数据风场、ASCAT 散射计和 HY-2A 卫星微波散射计的均方根误差分别为 1.48 m/s、1.64m/s 和 2.14 m/s。以 NCEP 数据的风向作为海面风向输入，SAR 反演获得海面风速在雨团足印处的局部风速分布（图 5-18）。在雨团的 SAR 足印图斑上，取经过其圆心且与背景风场方向一致的剖面（图 5-18 中的黑线），提取该剖面上的风速大小（图 5-19）。

图 5-18 中剖面上的海面风速大小变化曲线（图 5-19）可拟合为正弦或余弦函数：

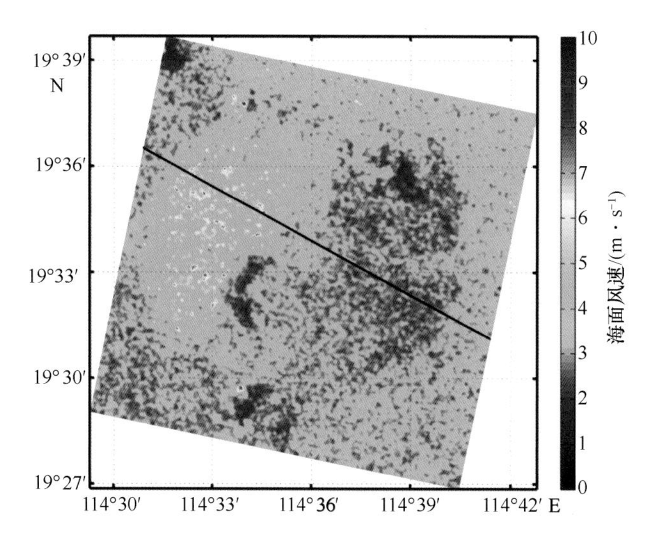

图 5-18 雨团足印 A（见图 5-15）的海面风速反演结果及风速分析剖面位置

图中黑线为风速分析剖面位置，剖面经过雨团中心，且与背景风场风向方向一致

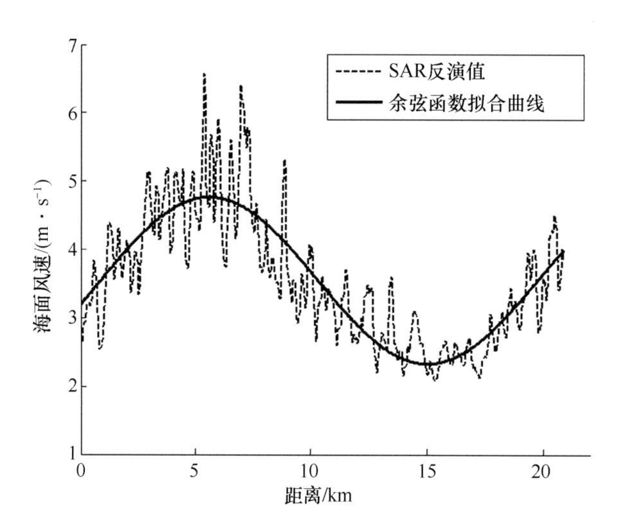

图 5-19 经过雨团足印 A（图 5-18）圆心且平行于背景风的海面风速变化曲线

$$V = V_m \cos[1/(2\pi)Dx + x_0] + V_0 \tag{5-2}$$

式中，V 为海面风速大小；V_0 为背景风场的风速大小；V_m 为雨团足印区域风速变化幅度的极值；D 为雨团在 SAR 图像上足印的图斑直径大小；x 为距离；x_0 为拟合函数初始相位的距离参数。

分别对图 5-15 中编号为 A～H 的雨团足印图斑进行相同的风速大小剖面分析与余弦函数拟合，获得拟合结果见表 5-2。

表5-2　SAR雨团足印图斑（图5-15中A~H）风速剖面的余弦函数拟合系数（风速剖面经过雨团中心，且与背景风方向一致）

序号	参数				
	下沉风水平分量极大值 V_m/(m·s^{-1})	直径 D/km	距离参数 x_0/km^{-1}	背景风速 V_0/(m·s^{-1})	相关系数 R
A	-1.22	18.9	1.18	3.5	0.86
B	1.15	12.0	-1.29	2.8	0.83
C	0.82	8.7	-2.06	2.5	0.80
D	1.13	11.5	-1.16	3.1	0.86
E	1.85	10.1	-1.18	3.8	0.82
F	1.54	5.8	-1.69	3.5	0.89
G	2.34	10.3	-1.81	3.9	0.84
H	2.80	16.5	-1.55	4.5	0.83

通过对图5-15中的A~H共8个SAR雨团足印图斑进行分析，雨团下沉气流在海面和海面背景风场作用后，海面风速大小在背景风场方向上呈现正弦或余弦曲线的变化规律。8个雨团海面风速的余弦函数拟合线性相关系数均高于0.8（表5-2）。通过对SAR雨团足印图斑上风速剖面的拟合，还可获得雨团在SAR图像上的圆形足印图斑的直径。如图5-15中SAR图像上A~H 8个雨团足印的直径大小分布于5.8~18.9 km（见表5-2中直径D）。

5.2.2　利用海上雨团SAR图像特征的海面风向确定方法

根据前人研究结果（Aplers and Melsheimer，2004；Atlas，1994a；1994b），SAR图像上的降雨足印（图5-15）可解释为雨团所携带的下沉风到达海面向四周扩散后，与背景海面风场相互叠加的结果。如背景风速大于雨团下沉风速，当雨团引起的局地下沉风与背景风方向相反时，海面风速为背景风速与下沉风速相减的结果，使海面风速减小，则雨团足印在该侧的后向散射系数变小而使图像变暗；当雨团引起的局地下沉风与背景风方向相同时，海面风速为背景风速和下沉风速相加，使风速变大，则雨团足印在该侧后向散射系数变大而使图像变亮。如背景风速小于雨团下沉风速，下沉风与背景风相互叠加的结果可能使最终海面风速均大于背景风，SAR图像上的雨团足印在顺风、逆风两侧均比背景“亮”，但也呈现顺风一侧比逆风一侧明亮的SAR雨团图像特征[Alpers和Melsheimer（2004）文章中图17.4和图17.6]。雨团携带的下沉风与背景风场作用如图5-20所示。

由以上分析可知，SAR图像上雨团足印的最“暗”一侧（后向散射系数最小）至最“亮”一侧（后向散射系数最大）的方向为海面背景风场的风向。利用该特征信息即

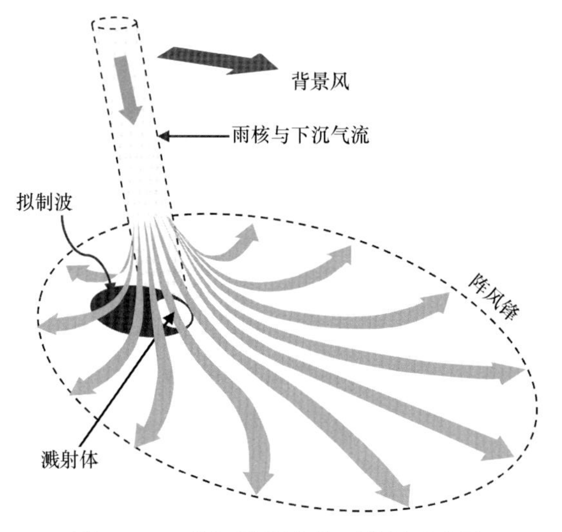

图 5-20　雨团下沉风与海面作用示意图

根据 Atlas（1994a），Alpers 和 Melsheimer（2004）重绘

可确定 SAR 成像海区背景风的风向。

在 SAR 图像上，如存在多个雨团足印图斑信息，即可基本确定其所在海区背景风的风向分布。以该雨团 SAR 图像特征确定海面风向作为地球物理模式函数或前文介绍的复合微波后向散射理论模型的风向输入，即可利用 SAR 图像反演所在海区的海面风速。基于海上雨团信息的 SAR 海面风场反演方法流程见图 5-21。

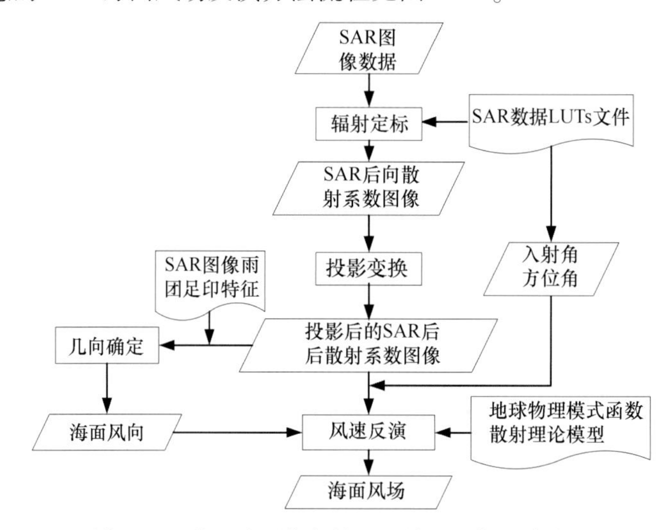

图 5-21　基于降雨信息的 SAR 海面风场反演流程

在图 5-21 中，根据 SAR 图像上雨团足印亮、暗信息确定单个雨团位置处的海面风向后，再由多个雨团的风向信息插值获得整幅 SAR 图像所覆盖海区的风向分布。

5.2.3 基于雨团信息的SAR海面风场反演示例分析与验证

使用RADARSAT-2卫星C波段、VV极化、宽幅扫描SAR图像数据开展基于雨团信息的SAR海面风场反演示例分析与验证。图5-22至图5-25是用于利用雨团信息进行海面风场反演的4景SAR示例数据及利用雨团信息提取的海面风向。4景数据的覆盖海区均为广东以南、南海岛以东的南海北部海区，成像时间分布于2013—2015年，其中2013年2景，2014年和2015年各1景。图5-26为2015年6月21日SAR图像（图5-25）的雨团足印及其提取确定的风向局部放大图。

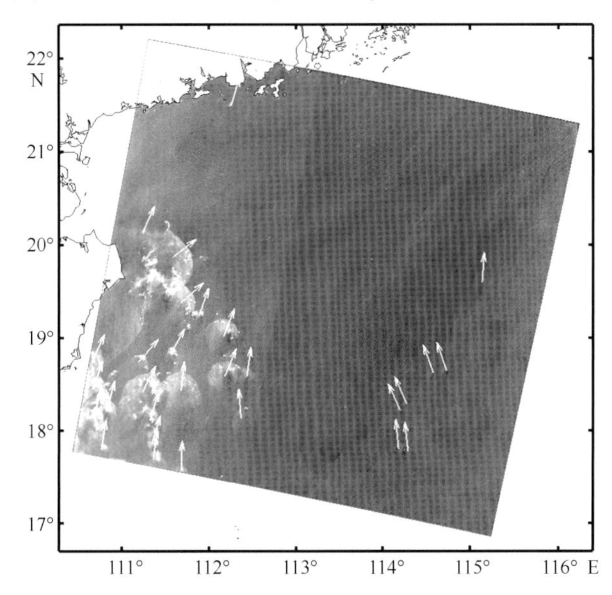

图5-22 RADARSAR-2卫星SAR图像及利用其图像上雨团信息提取的风向（一）
C波段、VV极化、宽幅扫描模式，成像时间2013年7月6日22：20 UTC

利用在SAR图像上雨团的特征信息提取确定海面风向并进行插值获得SAR图像覆盖海区的海面风向，以该风向作为输入，使用CMOD5地球物理模式函数进行反演获得海面风速。为定量评价海面风速反演结果和风向提取精度，利用Metop-A、Metop-B卫星ASCAT散射计海面风场进行对比检验。同时为了对比分析基于雨团信息的SAR海面风速反演效果，本书还使用ASCAT散射计海面风场的风向信息作为输入，使用CMOD5进行反演计算获得海面风速与本书方法获得的海面风速进行对比。

图5-27为利用SAR图像上雨团特征信息提取风向作为输入，使用CMOD5反演的4景SAR的海面风场。图中紫色箭头为利用雨团特征信息提取的风向再经过插值获得的整幅SAR图像覆盖海区的海面风向分布；有色箭头为同步的ASCAT散射计海面风场，其色彩为海面风速的大小，箭头方向指示海面风向。图5-28为图5-27中的SAR海面风速

与同比 ASCAT 散射计海面风速对比检验散点图及其检验统计量。

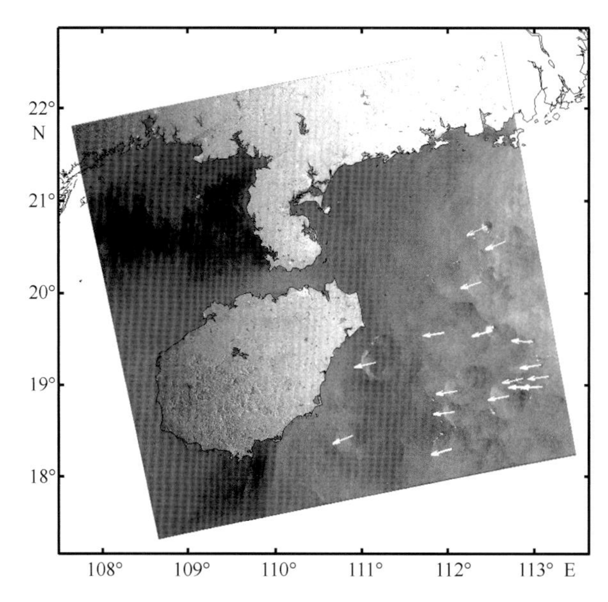

图 5-23　RADARSAR-2 卫星 SAR 图像及利用其图像上雨团信息提取的风向（二）

C 波段、VV 极化、宽幅扫描模式，成像时间 2013 年 8 月 11 日 10：45 UTC

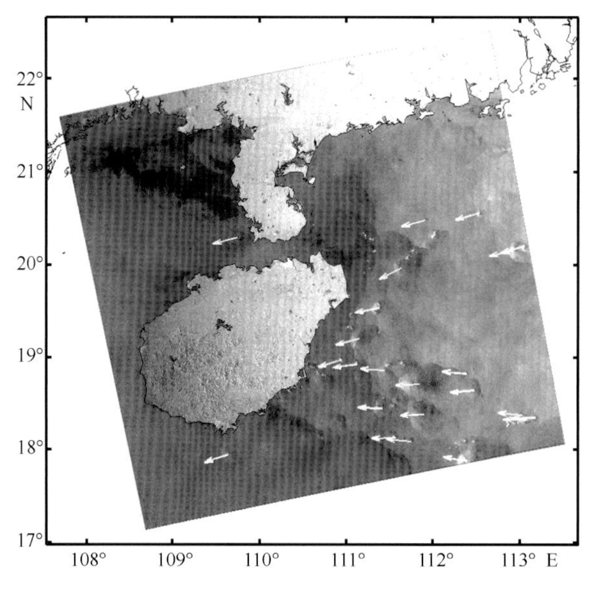

图 5-24　RADARSAR-2 卫星 SAR 图像及利用其图像上雨团信息提取的风向（三）

C 波段、VV 极化、宽幅扫描模式，成像时间 2014 年 8 月 30 日 10：45 UTC

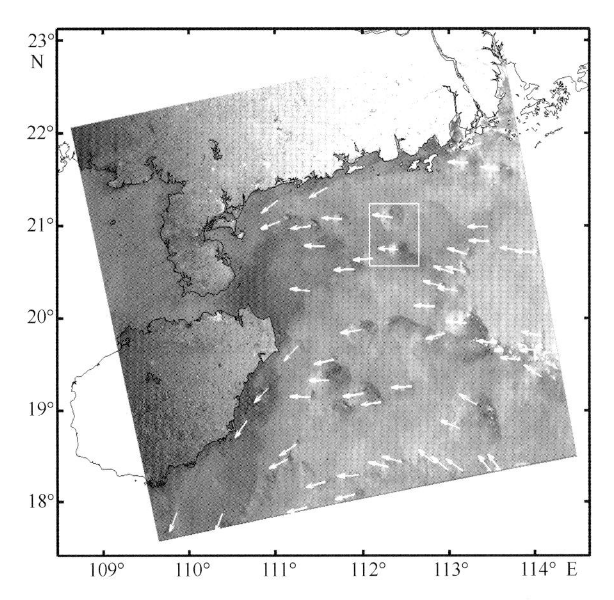

图 5-25 RADARSAR-2 卫星 SAR 图像及利用其图像上雨团信息提取的风向（四）
C 波段、VV 极化、宽幅扫描模式，成像时间 2015 年 6 月 21 日 10：41 UTC

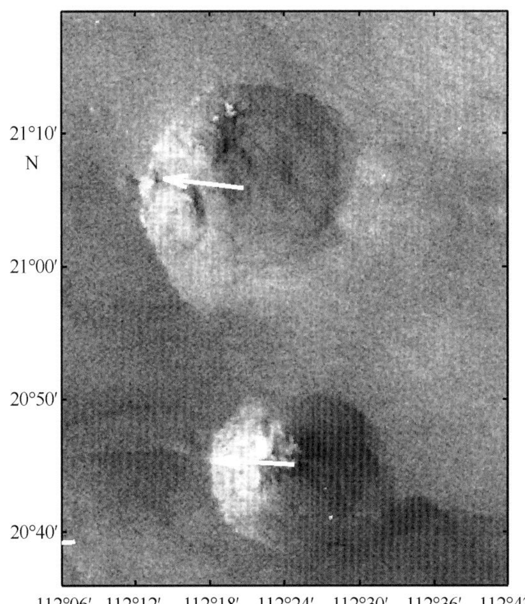

图 5-26 RADARSAR-2 卫星 SAR 图像雨团足印及利用其特征提取的风向局部放大图
放大区域范围为图 5-25 中白色方框，图中白色箭头为风向

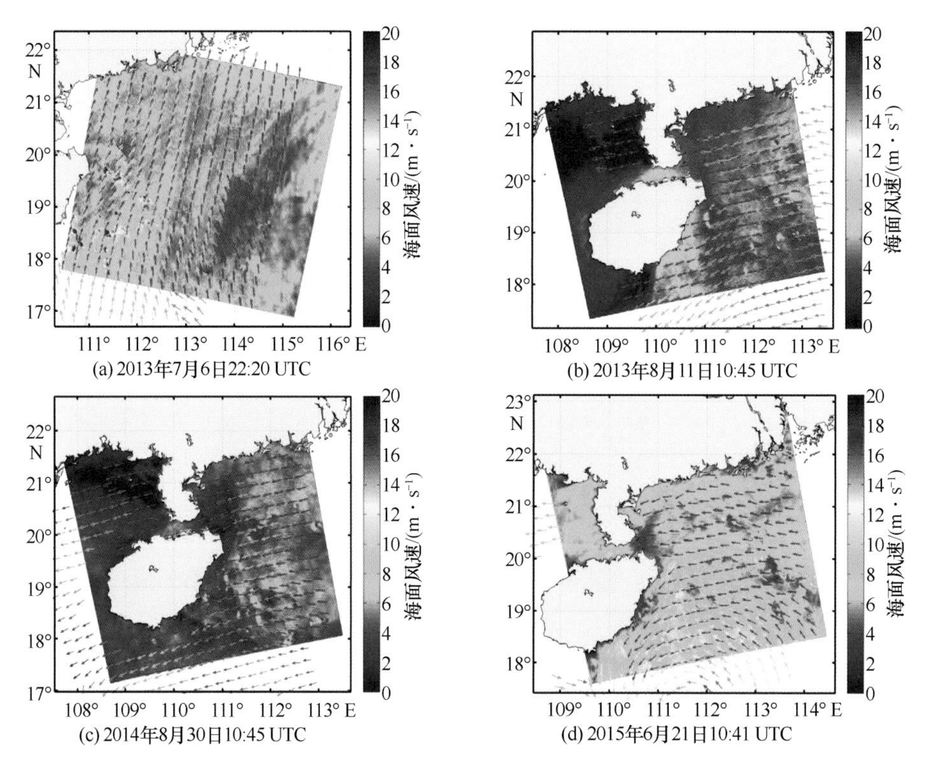

图 5-27　利用 SAR 图像雨团风向信息的 RADARSAT-2 卫星 SAR 海面风场反演结果

图中有色箭头为对比的 ASCAT 散射计风场，色彩表示风速的大小，箭头指示风向；紫色箭头表示由 SAR 图像上雨团特性信息提取风向后插值获得的风向

由图 5-28 的结果可见，2013 年 8 月 11 日和 2014 年 8 月 30 日的 SAR 海面风速反演精度较高，均方根误差分别为 0.8 m/s 和 0.9 m/s；而 2013 年 7 月 6 日和 2015 年 6 月 21 日的 SAR 海面风速反演精度略低，均方根误差分别为 2.0 m/s 和 2.1 m/s。为更深入分析利用 SAR 图像上雨团特征信息提取风向并进行海面风场反演的效果，以 ASCAT 散射计海面风场数据的风向为外部输入，再利用 CMOD5 进行 SAR 海面风速反演。图 5-29 和图 5-30 分别是以 ASCAT 散射计外部海面风向为输入，反演获得的与图 5-27 对应的 4 景 SAR 海面风速反演结果以及与 ASCAT 散射计海面风速的对比散点图。

分别对比图 5-27 和图 5-29、图 5-28 和图 5-30 发现，利用雨团特征信息提取风向和利用 ASCAT 散射计外部风向的 SAR 海面风速反演结果接近。如 2013 年 7 月 6 日的 SAR 海面风速反演结果相对于 ASCAT 散射计海面风速的均方根误差均为 2.0 m/s，这是由于 SAR 和 ASCAT 散射计的观测时间相差较远造成的，观测时差达 3.6 h；而 2015 年 6 月 21 日的 SAR 海面风速反演均方根误差偏大，其原因是该 SAR 观测区域为 2015 年第 8 号台风“鲸鱼”的边缘区域，海面风速变化较快，且 SAR 和 ASCAT 的观测时差为 2.9 h，因此，SAR 反演的海面风速和 ASCAT 散射计的海面风速存在较大的偏差。

以 SAR 图像上雨团特征信息提取确定的风向和 ASCAT 散射计外部风向作为输入，

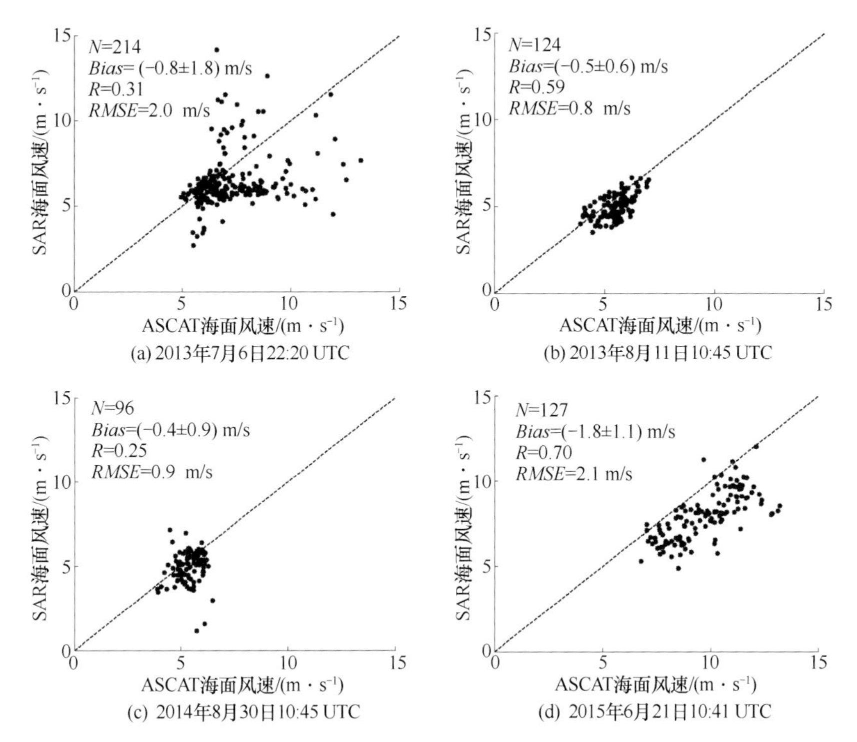

图 5-28 利用SAR图像雨团风向信息的RADARSAT-2卫星SAR海面风速反演结果与ASCAT散射计海面风速对比散点图

利用CMOD5反演获得的4景RADARSAT-2卫星C波段、VV极化的宽幅扫描模式SAR图像的成像时间、用于风速反演的外部风向和风速反演精度检验的ASCAT散射计信息（包括卫星平台、与SAR观测时间差、风速均值与标准方差）、SAR海面风速反演的精度评价结果（包括偏差均值与标准方差、均方根误差）汇总见表5-3。由表5-3的统计结果同样可见，利用雨团信息特征提取确定的风向和利用ASCAT散射计外部风向的两种SAR海面风速反演的结果基本一致；由SAR图像上雨团特征信息确定的风向和ASCAT散射计风向也基本一致，其对比散点图见图5-31。

由图5-31和表5-3可见，从SAR图像上雨团特征信息提取的海面风向具有较高的准确度，本书4景SAR图像提取的风向与准同步的ASCAT散射计海面风向的均方根误差分别为14°、11°、14°和16°，均满足不大于20°的海面风向遥感精度指标。尤其是2015年6月21日的SAR图像，由于其SAR观测海域处于台风边缘，风向变化较大［图5-27（d）和图5-31］，利用雨团在SAR图像上的特征信息提取的风向的均方根误差也达到16°。

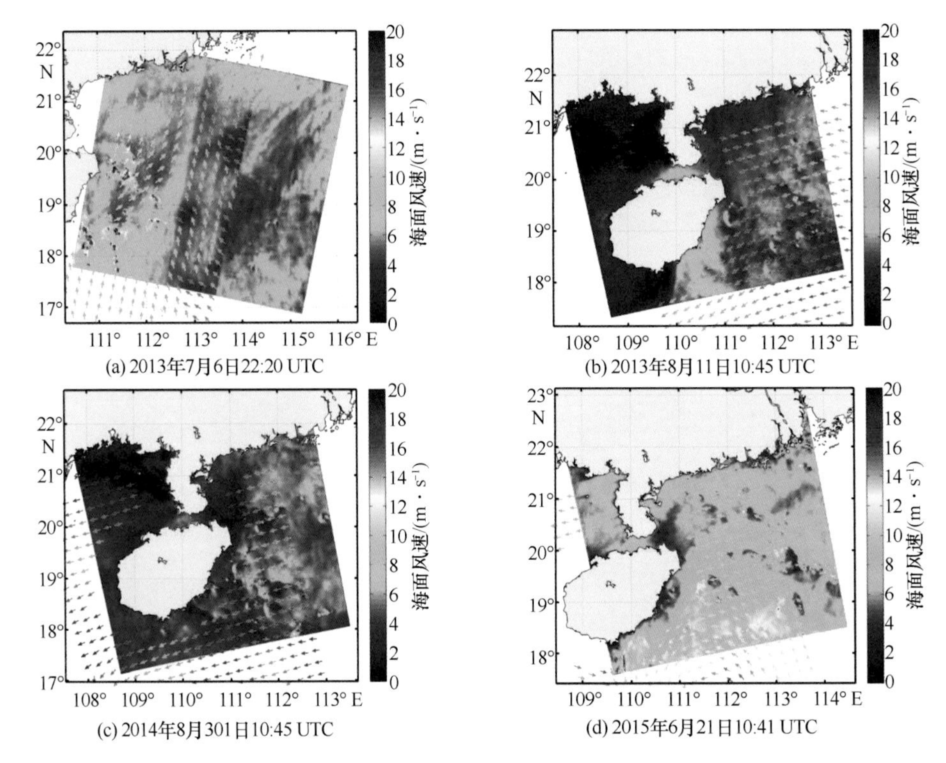

图 5-29 利用 ASCAT 散射计外部海面风向信息的 RADARSAT-2 卫星 SAR 海面风速反演结果

图中有色箭头为对比的 ASCAT 风场，色彩表示风速的大小，箭头指示风向

表 5-3 利用 SAR 图像上雨团特性信息的 RADARSAT-2 卫星 SAR 海面风速反演数据信息及其反演结果

序号	时间 年-月-日时：分	同比 ASCAT 卫星	观测时 间差 /h	利用 ASCAT 外部风向的 SAR 海面风速反演结果		利用 SAR 图像雨团特性信息提取风向的 SAR 海面风场反演结果				同比 ASCAT 风速均值/ (m · s⁻¹)
						风速		风向		
				Bias±*std* / (m · s⁻¹)	*RMSE*/ (m · s⁻¹)	*Bias*±*std* / (m · s⁻¹)	*RMSE*/ (m · s⁻¹)	*Bias*±*std* / (°)	*RMSE* / (°)	
1	2013-07-06 22：20	Metop-B	3. 6	-1. 1±1. 7	2. 0	-0. 8±1. 8	2. 0	-0±14	14	7. 2±1. 6
2	2013-08-11 10：46	Metop-A	2. 7	-0. 4±0. 6	0. 8	-0. 5±0. 6	0. 8	4±11	11	5. 5±0. 7
3	2014-08-30 10：45	Metop-B	2. 8	-0. 3±0. 8	0. 8	-0. 4±0. 9	0. 9	10±10	14	5. 4±0. 5
4	2015-06-21 10：41	Metop-B	2. 9	-1. 4±1. 1	1. 8	-1. 8±1. 1	2. 1	-8±14	16	9. 7±1. 5

*注：表中“同步 ASCAT 卫星”为搭载 ASCAT 的 Metop-A 卫星或 Metop-B 卫星；“观测时间差”指 ASCAT 观测时刻至 SAR 观测时刻的时间差，正值表示 ASCAT 先于 SAR 过境探测。

不对降雨的影响进行校正，雨团降水产生的散射势必会影响海面风速的反演结果，然而当雨核的空间尺度远小于海面风场反演分辨率时（如图 5-15 和图 5-26 所示的雨核

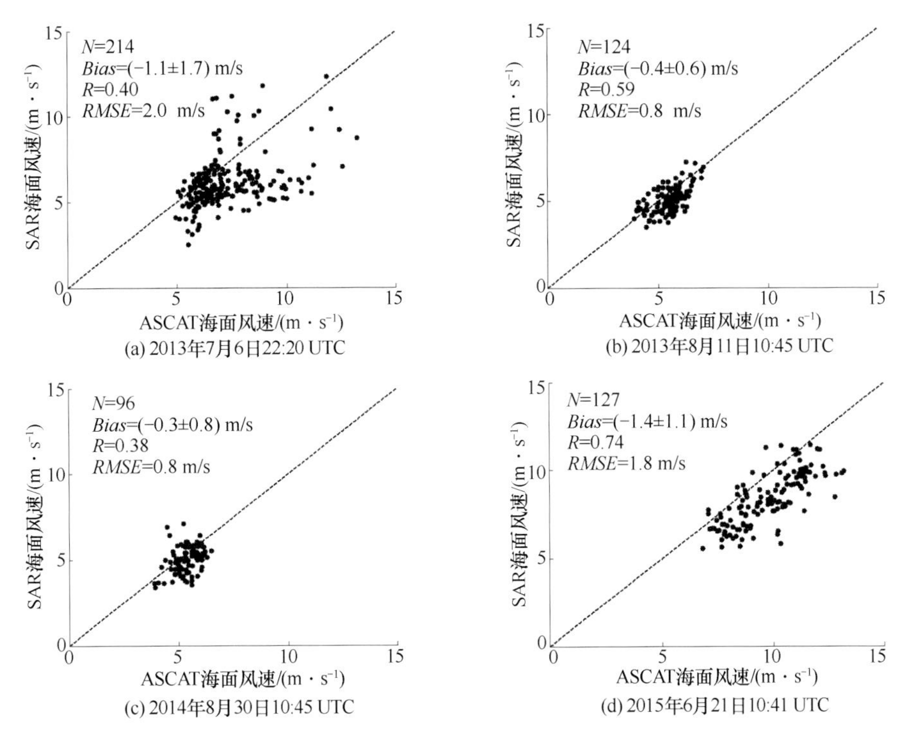

图 5-30 利用 ASCAT 散射计外部风向的 RADARSAT-2 卫星 SAR 海面风速反演结果与 ASCAT 海面风速对比散点图

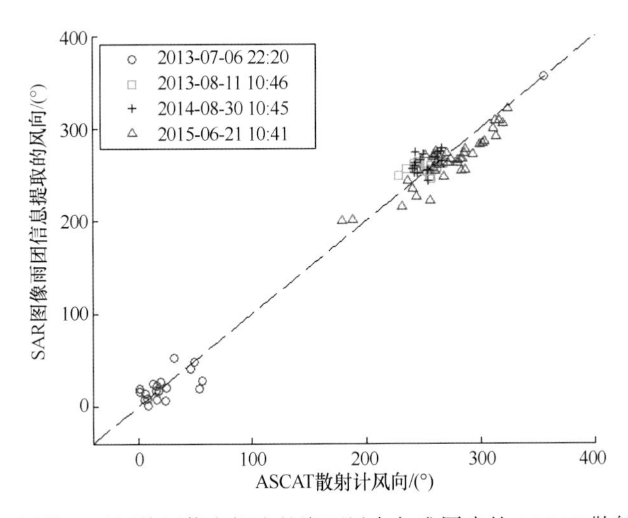

图 5-31 利用 SAR 图像上雨团特征信息提取的海面风向与准同步的 ASCAT 散射计风向对比散点图

图中不同类型的散点分别来自图 5-22 至图 5-25 的 4 景不同成像时间的 SAR 图像

直径不足 1 km)，降雨对 SAR 海面风场反演精度的影响较小。本书利用 SAR 图像上雨团的特征信息提取确定海面风向后，经过空间插值的方法获得 SAR 图像覆盖范围内的海面风向，该插值要求在SAR图像上有较多的雨团足印分布且分布较均匀，该前提条件限制了本方法的SAR风场反演普适性。

综上结果和分析可见，利用雨团在SAR图像上的特征信息进行海面风场反演的海面风速和风向精度均达到了海面风场遥感的反演精度要求，该方法在SAR图像上存在较多的雨团足印信息时，可应用于SAR海面风场反演。

5.3 热带气旋(台风)海面风场SAR反演的降雨影响校正

热带气旋是发生在热带、亚热带地区海面上的气旋性环流，是一种具有极强破坏性的天气系统。发生在西北太平洋及其沿岸地区的热带气旋通常被称为“台风（Typhoon）”，而发生在大西洋、加勒比海和东北太平洋及其沿岸地区的热带气旋则被称为“飓风（Hurricane）”。按照《热带气旋等级（GB/T 19201—2006）》国家标准，依据热带风暴附近最大平均风速的大小，将其划分为6个不同强度的等级，分别为热带低压(10.8~17.1 m/s，风力6~7级)、热带风暴（17.2~24.4 m/s，风力8~9级)、强热带风暴(24.5~32.6 m/s，风力10~11级)、台风（32.7~41.4 m/s，风力12~13级)、强台风(41.5~50.9 m/s，风力14~15级）和超强台风（≥51.0 m/s，风力16级或以上)。

微波遥感载荷（包括散射计、合成孔径雷达和微波辐射计等）以大范围观测为优势，可对热带气旋的海面风速进行监测。与散射计和微波辐射计相比，合成孔径雷达的观测优势不仅体现在其可适用于近岸风场观测，而且以数十米甚至数米的高地面空间分辨率对热带气旋的细节进行观测（Katsaros et al., 2002)。利用SAR对热带气旋的海面风场进行监测，一般使用CMOD4、CMOD5或交叉极化地球物理模式函数，利用海面风场和SAR后向散射系数的关系进行海面风场反演（Horstmann et al., 2005；2013；Shen et al., 2009；Reppucci et al., 2010；周旋等，2014；Zhang et al., 2014a，2014b；Li, 2014；Hwang et al., 2015；Ye et al., 2019)。热带气旋发生过程中，一般伴随着强降水和大风（张庆红等，2010；周旋等，2014)。周旋等（2014）利用ASCAT散射计和降雨雷达构建的降雨与后向散射系数的多项式拟合经验关系（周旋等，2012)，对SAR台风观测的后向散射系数进行校正，再结合CMOD5地球物理函数和改进的HOLLAND台风模型（Holland，1980；Xie et al., 2010）构建海面风场。本章利用本书的海上降雨微波后向散射修正模型和微波辐射计降雨率分布数据，在热带气旋海面风速SAR反演过程中进行降雨影响的定量校正，以提高热带气旋的高风速SAR反演精度。

5.3.1 热带气旋(台风)后向散射的降雨影响校正方法

热带气旋(台风)SAR探测后向散射系数的降雨影响校正方法首先利用本书的海上降雨微波散射修正模型对热带气旋观测条件下的SAR后向散射系数进行降雨影响校正，再使用地球物理模式函数进行海面风场反演获得热带气旋的海面风场。最后利用浮标实测数据对其降雨校正效果进行评价。热带气旋海面风场SAR探测的降雨影响校正及其海面风场反演流程见图5-32。

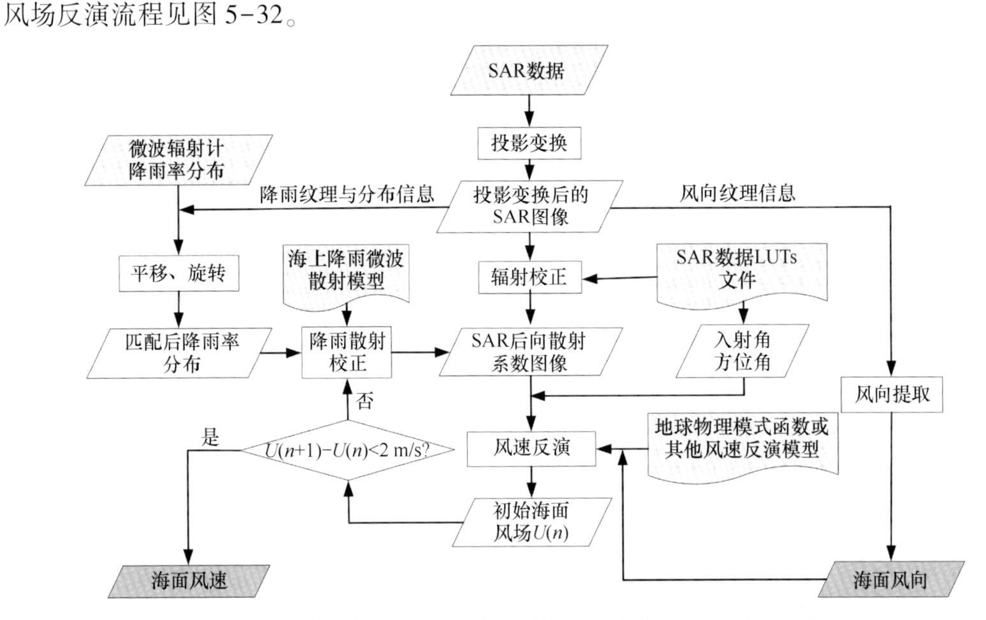

图5-32　热带气旋（台风）海面风场SAR探测的降雨影响校正流程

图5-32显示的热带气旋海面风场SAR探测的降雨影响定量校正及其海面风场反演具体流程为：①首先对SAR图像进行投影变换和几何纠正，利用SAR图像上风向的纹理信息确定风向；②选择与SAR观测时间接近的微波辐射计降雨率数据，对照SAR图像上的降雨信息纹理和分布特征，对微波辐射计降雨率分布数据进行平移和旋转，使降雨率数据和SAR观测匹配；③对SAR数据进行辐射定标，获得SAR图像的后向散射系数分布；④利用获得的风向和风速反演模型（地球物理模式函数或者本书无降雨条件下的海面微波散射模型）进行风速反演获得初始海面风场；⑤以初始风场、降雨率分布数据为输入，利用本书海上降雨微波散射模型［即本书式（4-36）至式（4-38）］计算该条件下由于降雨对海面微波后向散射系数的改变量；⑥对SAR后向散射系数校正，消除降雨对散射系数的影响；⑦利用消除降雨影响的SAR后向散射系数，重复流程④的海面风速反演步骤；⑧重复步骤流程⑤至流程⑦，直至前后两次的海面风速反演结果差值不超过2 m/s（SAR图像上所有海面风速单元差值的平均值）。最终获得的海面风速和风向构成热带气旋SAR海面风场反演结果。

参照前文式（4-6）介绍的海上降雨的有效后向散射的定义方式，在图5-32的步骤流程中，本书海上降雨微波散射修正模型中海上降雨对微波散射影响的校正量σ_{eff}可定量表示为

$$\sigma_{eff} = \sigma_0 - \sigma_{wind}$$

$$= w(\sigma_{ring}\alpha_{atm} + \sigma_{atm}) + (1 - w)(\sigma_{cspl} - \sigma_{wind}) \quad (5-3)$$

式中，各符号量的含义和表达计算式与式（4-36）相同。消除降雨影响后的 SAR 后向散射系数为

$$\sigma_{SAR\_corr} = \sigma_{SAR} - \sigma_{eff} \quad (5-4)$$

式中，σ_{SAR}为 SAR 图像经辐射定标后获得后向散射系数。利用消除降雨影响后的 SAR 后向散射系数，进行海面风速反演，即利用式（5-4）中的 σ_{SAR_corr}进行海面风速的反演。

5.3.2 SAR 与微波辐射计数据及其处理

本书热带气旋海面风场 SAR 探测示例研究的 SAR 数据为 RADARSAT-2 卫星 C 波段宽幅扫描模式的 SAR 数据，其空间分辨率为 100 m，刈幅宽度为 500 km，原始图像见图 5-33。RADARSAT-2 卫星 SAR 数据的辐射定标公式为式（3-14）。本书使用的热带气旋 SAR 图像数据共 4 景（图 5-33），其成像中心时刻分别为 2013 年 6 月 21 日 10：33 UTC，2013 年 7 月 1 日 10：41 UTC；2013 年 8 月 2 日 22：33 UTC 和 2013 年 11 月 3 日

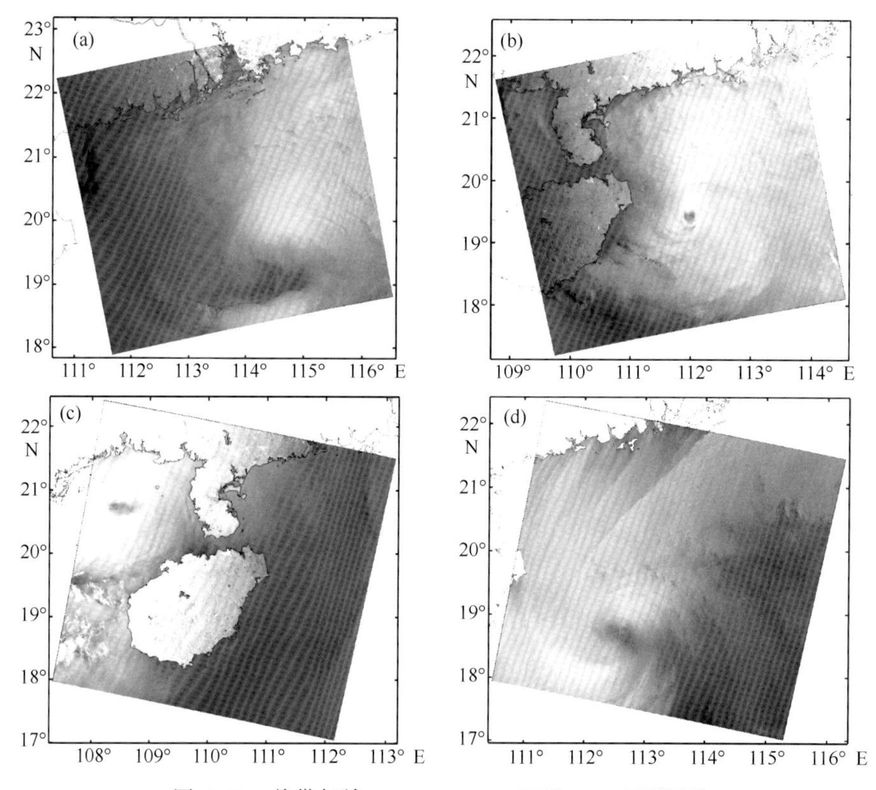

图 5-33 热带气旋 RADARSAT-2 卫星 SAR 观测图像

C 波段、VV 极化、宽幅扫描模式；（a）2013 年 6 月 21 日 10：33 UTC，热带风暴“贝碧嘉”；（b）2013 年 7 月 1 日 10：41 UTC，强热带风暴“温比亚”；（c）2013 年 8 月 2 日 22：33 UTC，强热带风暴“飞燕”；（d）2013 年 11 月 3 日 22：20 UTC，热带低气压“罗莎”

22：20 UTC。其观测的热带气旋分别为2013年第5号热带风暴“贝碧嘉”、第6号强热带风暴“温比亚”、第9号强热带风暴“飞燕”和第29号热带低气压“罗莎”。

由图5-33可见，各热带气旋的SAR图像均存在明显的风向纹理信息，根据SAR的图像纹理提取其风向，获得SAR图像覆盖海区的风向分布场（图5-34）。以图5-34中的风向作为外部输入，可利用地球物理模式函数或者理论散射模型进行海面风速的反演（见后文5.3.3小节）。

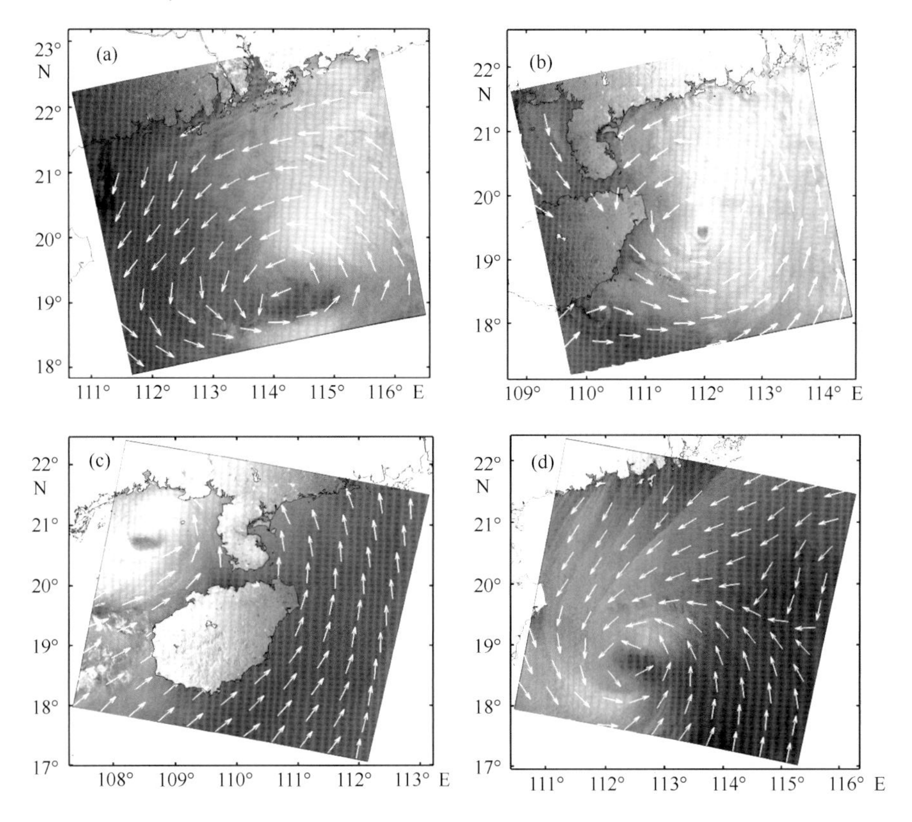

图5-34　热带气旋RADARSAT-2卫星SAR图像及其提取的风向

（a）2013年6月21日10：33 UTC，热带风暴“贝碧嘉”；（b）2013年7月1日10：41 UTC，强热带风暴“温比亚”；（c）2013年8月2日22：33 UTC，强热带风暴“飞燕”；（d）2013年11月3日22：20 UTC，热带低气压“罗莎”

用于本书热带气旋海面风场反演中降雨影响校正的微波辐射计降雨率分布数据来源于美国Remote Sensing System（RSS）公司分发的微波辐射计降雨率数据产品（http：//www.remss.com/measurements/rain-rate）。本书选用的微波辐射计降雨率分布见图5-35。对应图5-33中的SAR图像数据的顺序，图5-35中辐射计降雨率数据来源和观测时间分别为：（a）WindSat，2013年6月20日09：41 UTC；（b）WindSat，2013年6月30日22：42 UTC；（c）WindSat，2013年8月2日22：54 UTC；（d）AMSR-2，2013年11月3日18：36 UTC，它们与图5-33中SAR的观测时间时差长短不一，但均为距其时间最近且可完整观测相应SAR图像上热带气旋的降雨率辐射计数据。其中，图5-35（c）和图5-33（c）的观测时间差最短，相差19 min；图5-35（a）和图5-33（a）的观测时间差最长，相差24 h 52 min。

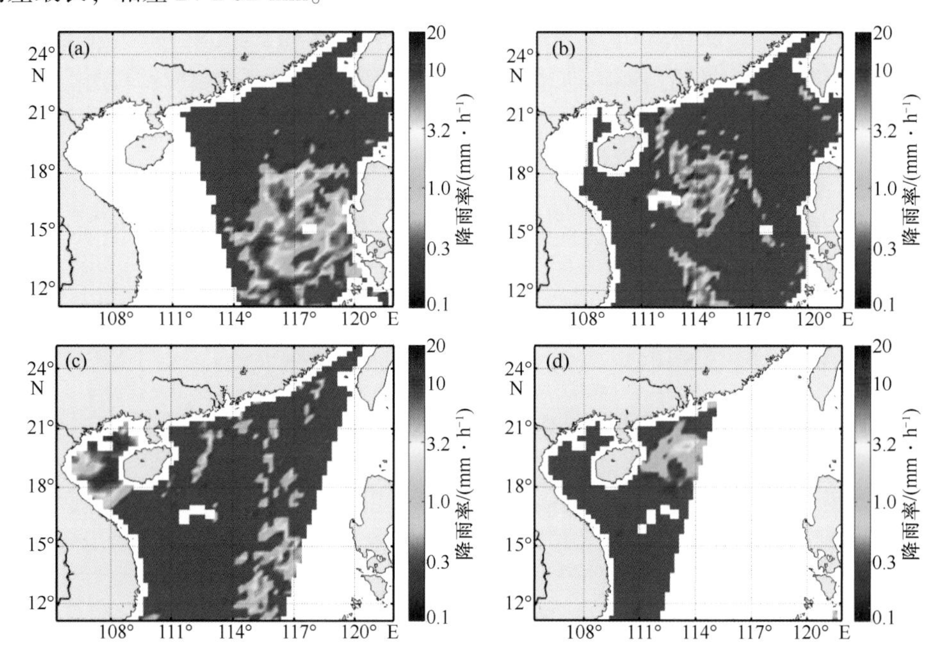

图5-35　用于热带气旋SAR海面风场反演过程中降雨影响校正的微波辐射计降雨率分布

（a）WindSat，2013年6月20日09：41UTC；（b）WindSat，2013年6月30日22：42 UTC；
（c）WindSat，2013年8月2日22：54 UTC；（d）AMSR-2，2013年11月3日18：36 UTC

假定在SAR和辐射计对同一热带气旋进行观测的时间差范围内，降雨率大小及其分布保持不变。根据辐射计降雨率分布特征和SAR图像上的降雨信息特征，将辐射计的降雨率数据进行平移和旋转，使降雨率数据和SAR图像进行匹配，获得匹配结果见图5-36。

从图5-36的SAR图像和辐射计降雨率数据的匹配结果可见，微波辐射计降雨率数据的分布和SAR图像的纹理分布特征基本一致，因此，可使用该微波辐射计降雨率数据和SAR数据，依据图5-32的方法流程，进行降雨对SAR后向散射系数的定量校正并完成热带气旋海面风场的SAR反演。

5.3.3　热带气旋(台风)SAR海面风场反演结果与分析

利用图5-36中SAR图像数据和匹配处理后的降雨率数据按照图5-32和5.3.1小节所述的方法流程进行热带气旋的SAR海面风场反演。

首先使用式（3-14）对SAR数据进行辐射定标获得SAR的后向散射系数，再以图5-34的风向为外部输入，利用CMOD5地球物理模式函数进行海面风速反演，获得SAR

未进行降雨影响校正的海面风场反演结果（图 5-37）。

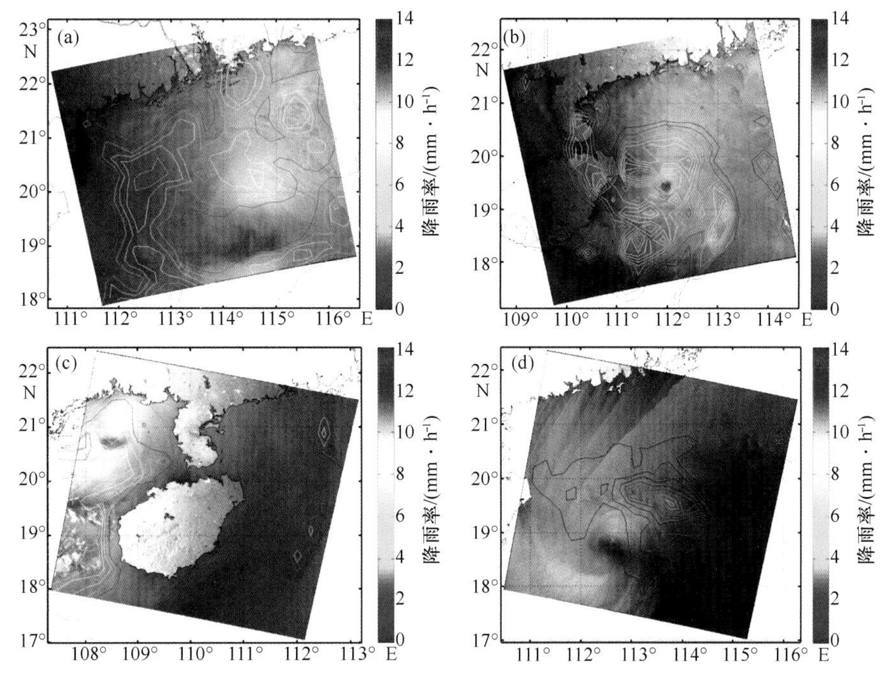

图 5-36　本书图 5-35 中辐射计降雨率数据平移旋转后与图 5-33 中 SAR 图像的匹配叠加显示图

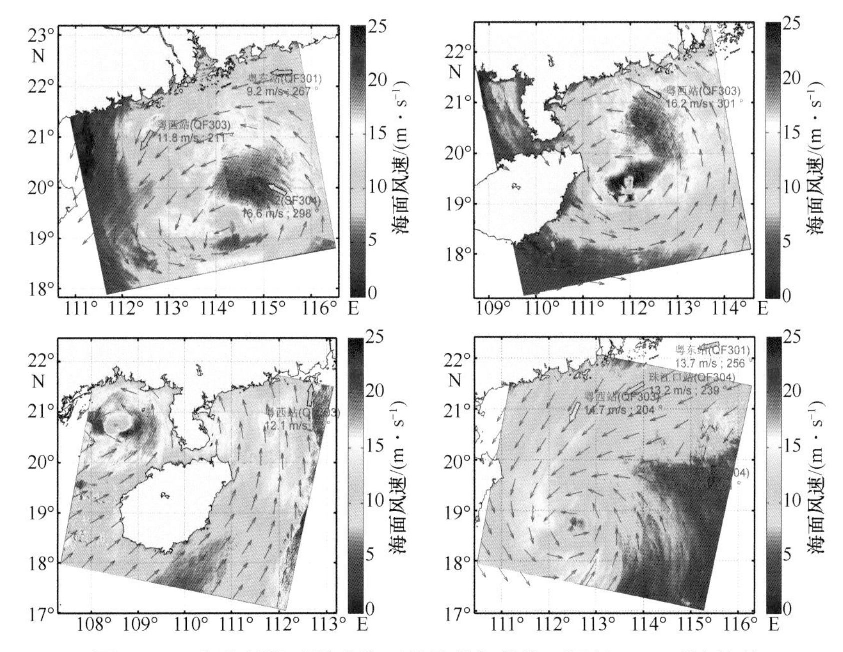

图 5-37　未进行降雨影响校正的热带气旋海面风场 SAR 反演结果

（a）2013 年 6 月 21 日 10：33 UTC，热带风暴“贝碧嘉”；（b）2013 年 7 月 1 日 10：41 UTC，强热带风暴“温比亚”；（c）2013 年 8 月 2 日 22：33 UTC，强热带风暴“飞燕”；（d）2013 年 11 月 3 日 22：20 UTC，热带低气压“罗莎”；图中有色箭头和文字标注为海洋浮标的海面风速、风向实测值，其颜色表示风速大小，箭头方向表示风向

以图5-37的海面风场反演结果为初始风场以及降雨率数据（图5-36中的匹配后数据）为条件输入，利用本书海上降雨微波散射修正模型［式（4-36）至式（4-38）］遵照图5-32的方法流程，校正降雨对海面微波后向散射系数的定量影响［即式（5-3）中的σ_{eff}］，最终获得的海上降雨对图5-33中SAR数据后向散射系数的影响定量分布图（图5-38）。

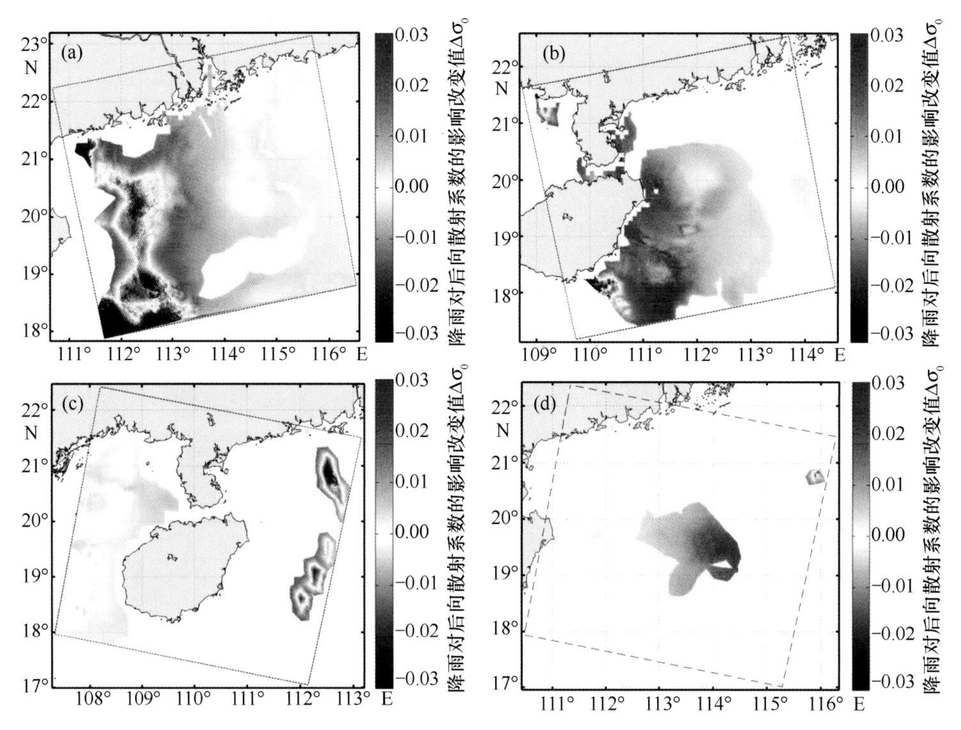

图5-38　海上降雨对图5-33中SAR后向散射系数的校正量分布

图中（a）、（b）、（c）、（d）对应的SAR信息同图5-33

由图5-38可见，降雨对海洋探测的微波后向散射的影响并非完全增强，在有些海区降雨对SAR探测的海洋微波散射信号起减弱的作用。该结果与文献Liu等（2016a）、Zhang等（2016）和Alpers等（2016）对海上降雨SAR图像后向散射的观测现象一致。在图5-35中所示的不超过20 mm/h降雨率的条件下，对图5-33中SAR的后向散射系数的改变值在-0.03~0.03的范围内变化。使用经降雨影响校正后的后向散射系数［即式（5-4）的σ_{SAR_corr}］，通过风速反演获得经降雨影响校正后的海面风场SAR反演结果（图5-39）。

图5-37和图5-39中均除绘制了SAR海面风场的反演结果外，同时还标注了用于结果检验的海洋浮标及其海面风速和风向实测信息。该浮标实测数据是利用逐小时的业务化南海浮标海面风速、风向观测结果插值至SAR观测时刻所获得。本书所使用的海洋浮标站位包括粤东站位（编号：QF301）、粤西站位（编号：QF303）、珠江口站位（编号：

QF304）和深海站位（编号：SF304）。分别提取浮标位置处未经降雨散射影响校正的SAR海面风速反演值（图5-37）、经降雨散射影响校正的SAR海面风速反演值（图5-39）和由SAR图像风向信息确定的风向（图5-34），与浮标实测值进行比较分析。SAR反演的海面风速、风向和浮标实测值对比信息见表5-4。

表5-4 热带气旋海面风速、风向SAR反演结果与浮标实测值对比信息

序号	时间 热带气旋	浮标站位（编号）	海面风速/（m·s^{-1}）			风向/（°）	
			SAR直接反演结果	降雨影响校正后的SAR反演结果	浮标实测	SAR图像提取结果	浮标实测
1	2013年6月21日10:33 UTC 热带风暴“贝碧嘉”	深海站（SF304）	16.8	16.8	16.6	318	298
2		粤东站（QF301）	9.4	9.1	9.2	264	267
3		粤西站（QF303）	15.2	13.7	11.8	209	211
4	2013年7月1日10:41 UTC 强热带风暴“温比亚”	粤西站（QF303）	16.0	16.0	16.2	314	301
5	2013年8月2日22:33 UTC 强热带风暴“飞燕”	粤西站（QF303）	13.0	12.6	12.1	358	7
6	2013年11月3日22:20 UTC 热带低气压“罗莎”	深海站（SF304）	4.4	4.4	3.1	187	191
7		粤西站（QF303）	11.3	11.3	14.7	216	204
8		珠江口站（QF304）	10.9	10.9	13.2	241	239

由表5-4以及图5-37和图5-39可见，从SAR图像特征提取的风向具有较高的精度。利用8个浮标风向实测值对SAR提取的风向对比检验的均方根误差*RMSE*为10°，其对比散点图见图5-40。由此可见，利用CMOD5地球物理模式函数进行海面风速反演时，作为输入的海面风向精度是可靠的。

图5-41为热带气旋海面风速SAR反演结果与浮标实测值的对比散点图，图中包括未经降雨影响校正的SAR反演结果和经降雨影响校正后的反演结果。图5-42为经降雨影响校正后（图5-39）与未经降雨影响校正（图5-37）的热带气旋海面风速SAR反演结果差值分布图（即图5-39的海面风速减去图5-37的海面风速）。

分析表5-4和图5-41中海面风速反演结果与浮标实测海面风速值的结果发现，8个浮标所在位置的观测点中，其中5个观测点的海面风速SAR反演结果在降雨影响校正前

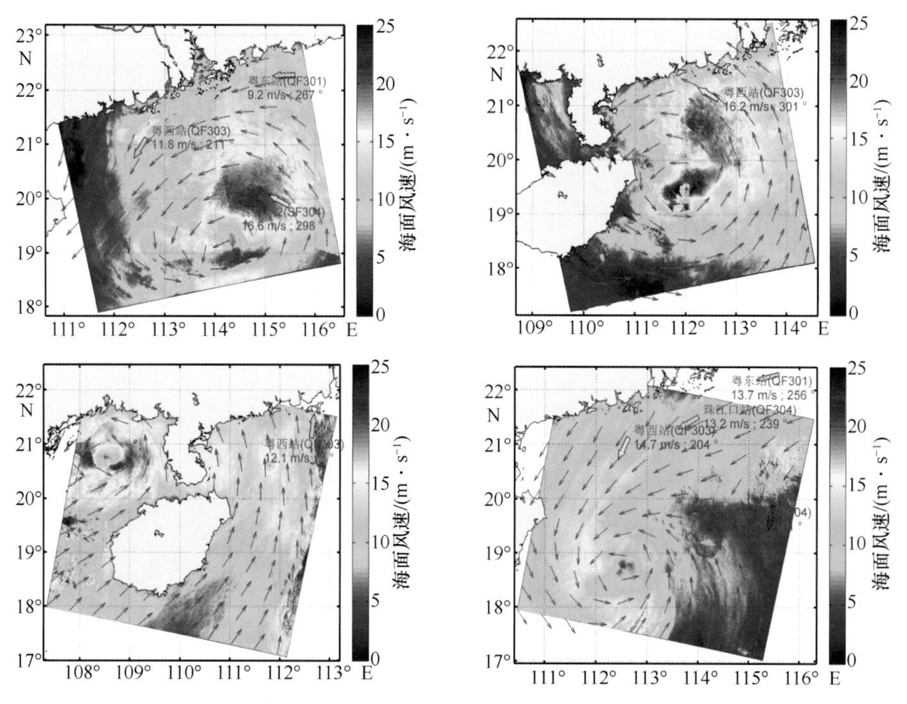

图 5-39　经降雨影响校正后的热带气旋海面风场 SAR 反演结果

（a）2013 年 6 月 21 日 10：33 UTC，热带风暴“贝碧嘉”；（b）2013 年 7 月 1 日 10：41 UTC，强热带风暴“温比亚”；（c）2013 年 8 月 2 日 22：33 UTC，强热带风暴“飞燕”；（d）2013 年 11 月 3 日 22：20 UTC，热带低气压“罗莎”；图中有色箭头和文字标注为海洋浮标的海面风速、风向实测值，其颜色表示风速大小，箭头方向表示风向

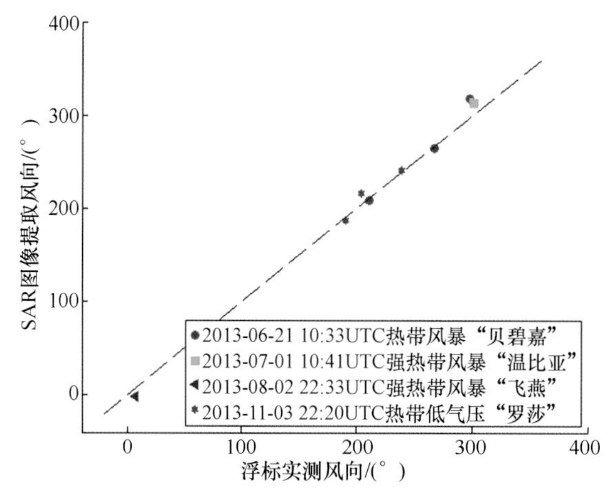

图 5-40　热带气旋海面风向 SAR 反演结果与浮标实测值的对比散点图

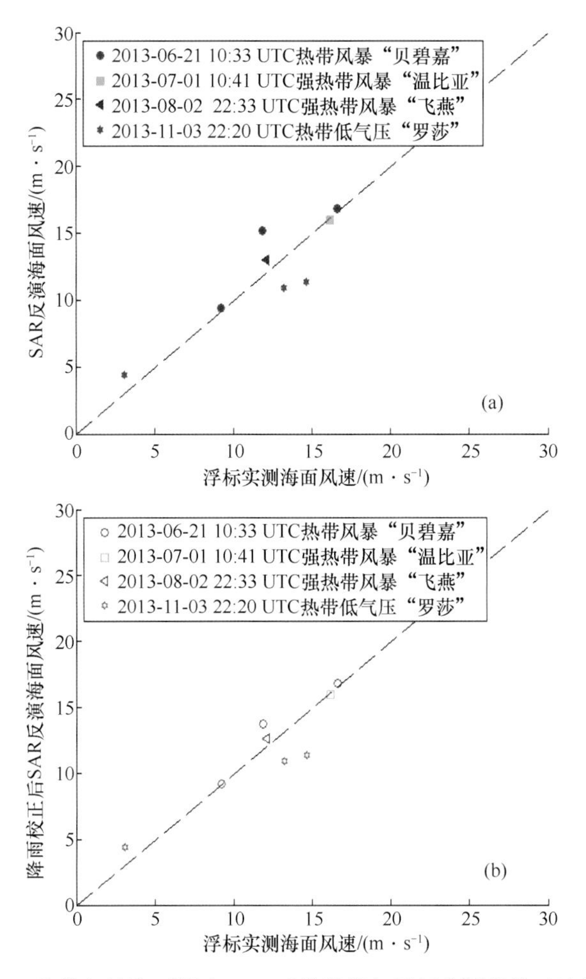

图 5-41 热带气旋海面风速 SAR 反演结果与浮标实测值的对比散点图

（a）未经降雨影响校正；（b）经降雨影响校正后

后未发生变化，这是因为其所处位置在非降雨区内（图 5-36 和图 5-42）；剩余的 3 个浮标所在位置观测点在经过降雨影响校正后，其 SAR 海面风速反演结果发生了变化，且一致性地与浮标观测值更加接近。该 3 个处于降雨区的浮标实测海面风速值对相应的热带气旋海面风速 SAR 反演结果进行检验，未经降雨影响校正的反演均方根误差 *RMSE* 为 2.0 m/s；经降雨影响校正后，其反演均方根误差 *RMSE* 为 1.1 m/s。以上结果表明，本书的海上降雨微波散射修正模型可用于对海上降雨对微波后向散射影响的定量校正。

由图 5-42 的降雨影响校正后与未经校正的海面风速反演差值的分布图可见，经降雨对微波散射影响校正前后反演的海面风速差值在-3.0～3.0 m/s 的范围内变化，这是因为，在热带气旋的高风速和低降雨率（不超过 20 mm/h，见图 5-35）的条件下，海洋探测的微波后向散射主要由海面风场决定（见本书图 4-35 的仿真分析及图 5-38 的降雨对微波后向散射系数的改变值），因此，利用 C 波段 SAR 进行热带气旋（台风）的海面

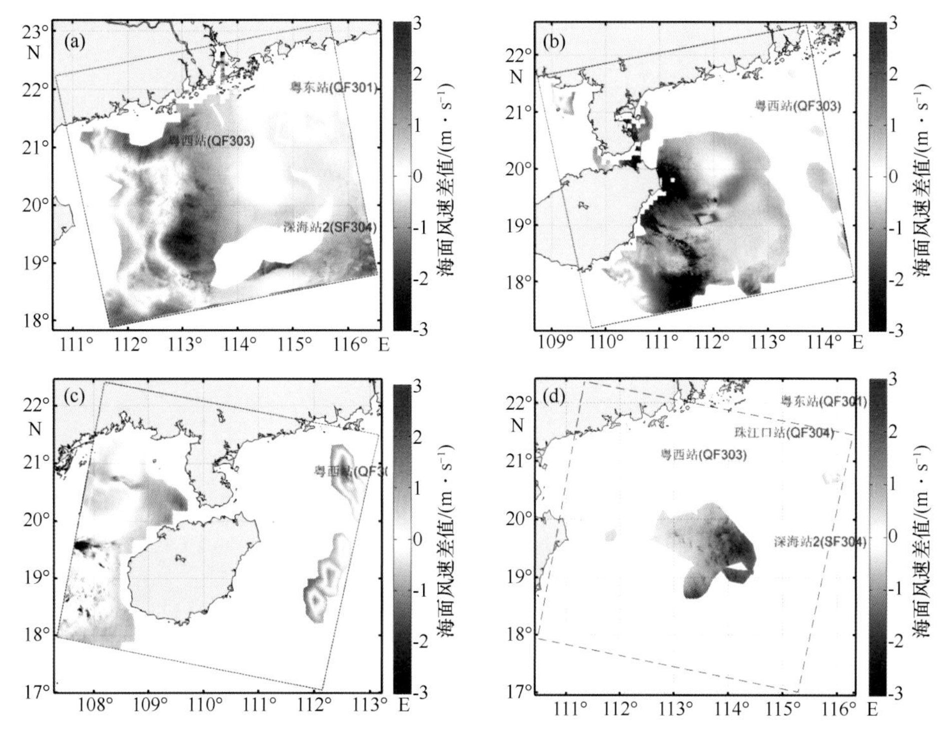

图 5-42　经降雨影响校正与未经降雨影响校正的热带气旋海面风速 SAR 反演结果差异分布
图中（a）、（b）、（c）、（d）对应的 SAR 信息同图 5-32，标注为海洋浮标位置及站位信息

风速反演探测，其精度也能达到较高精度。如统计表 5-4 中的 8 个的浮标所在位置的海面风速反演值，未经降雨影响校正的 SAR 海面风速反演的均方根误差 *RMSE* 为 1.94 m/s，达到了海面风速 2.0 m/s 的遥感反演精度指标要求。但经降雨影响校正后 SAR 海面风速反演的均方根误差 *RMSE* 则为 1.66 m/s，由此可见，本书海上降雨微波散射修正模型的应用提高了热带气旋海面风速的反演精度，实现了对热带气旋的降雨散射影响校正。海上降雨微波散射修正模型可应用于热带气旋海面风场 SAR 探测中的降雨影响校正。

5.4　海上降雨率的 SAR 定量探测

海上降雨微波后向散射模型可在已知海洋环境（海面风速、风向和降雨率）和观测几何（雷达波波长、入射角、观测方位角）条件下，“正演”微波后向散射系数。在已知海面风速、风向以及 SAR 的几何观测条件下，亦可利用海上降雨微波后向散射修正模型和 SAR 后向散射系数的对应关系进行降雨率反演。

5.4.1 海上降雨率SAR定量探测方法

SAR降雨定量探测方法是利用海上降雨微波后向散射模型计算给定海面风速、风向、微波频率、入射角、观测方位角、不同降雨率条件下的海洋探测微波后向散射系数，通过降雨率与模型计算的后向散射系数的一一对应关系（图4-33和图4-34），选择与SAR图像后向散射系数等于或最接近的模型计算值时的降雨率作为该SAR探测的降雨率。SAR的工作频率、入射角和观测方位角等可根据数据的实际情况（SAR资料辅助说明文件）获取，因此，进行SAR降雨率探测时，关键在于确定探测海区的海面风场（风速和风向）。

对于本书的海上降雨微波散射修正模型，在较低风速条件下，当降雨率达到一定值时，其计算后向散射系数会随降雨率的增大而减小（图4-33）。因此，在利用该模型进行SAR降雨率探测时，可能获得两个降雨率的反演值，此情况需根据SAR邻近探测单元（像素）的降雨率反演值进行取舍，即取最接近邻近探测单元（像素）降雨率的反演值。

5.4.2 示例分析与验证

本书选用RADARSAT-2卫星SAR图像数据进行示例分析与验证。选用的SAR数据为C波段、VV极化、宽幅扫描成像模式，其空间分辨率为100 m，刈幅宽度为500 km，原始图像见图5-43。在图5-43的右上（东北）区域，具有明显的降雨图像特征信息。

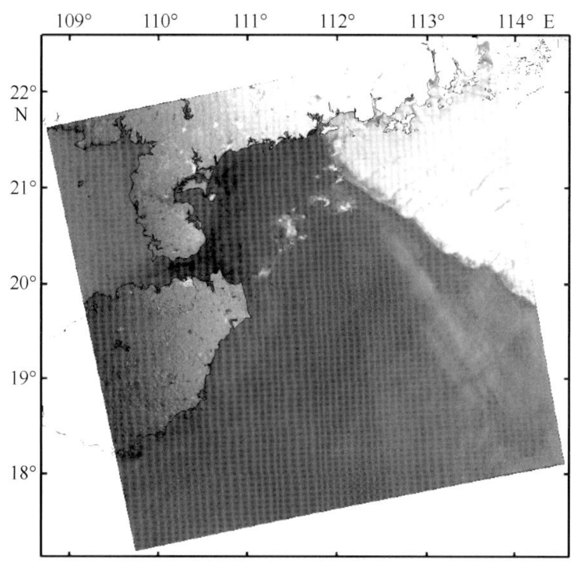

图5-43 用于降雨定量探测的RADARSAT-2卫星SAR原始图像

C波段、VV极化、宽幅扫描模式、成像时间2014年5月9日10：41 UTC

图 5-44 为 Windsat 微波辐射计降雨率分布和图 5-43 中 SAR 图像叠加显示图，图中 Windsat 微波辐射计降雨率的观测时间为 2014 年 5 月 9 日 10：24 UTC，较图 5-43 中 SAR 的观测时间相差 17 min。由图 5-44 可见，在 SAR 的观测海区确实存在降雨，且 SAR 图像中的降雨图像特征信息和降雨及其大小分布存在一一对应的关系。

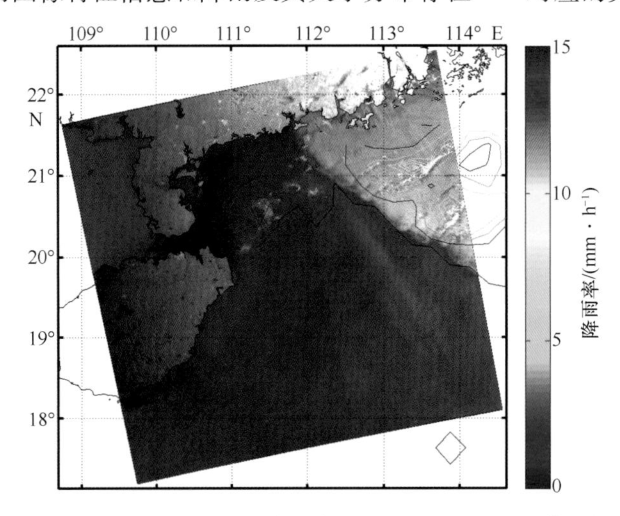

图 5-44　Windsat 微波辐射计降雨率与图 5-43 中 SAR 图像叠加显示

辐射计观测时间为 2014 年 5 月 9 日 10：24 UTC，SAR 观测时间为 2014 年 5 月 9 日 10：41 UTC

为了分析 SAR 观测海域的海面风速和风向情况，在图 5-45 中绘制了观测时间为 2014 年 5 月 9 日 13：15 UTC 的 Metop-A 卫星 ASCAT 散射计海面风场和 SAR 图像对照图，由于 ASCAT 观测时间较图 5-43 中的 SAR 观测时间相差 2.6 h，因此图 5-45 中的 ASCAT 散射计海面风场进行了适当平移，以便其风场分布特征和 SAR 图像匹配适应。图 5-45 中还绘制了粤东站位（编号：QF303）海洋浮标的海面风速和风向观测值，以便分析降雨区域的海面风速和风向情况。

由图 5-45 的海面风速和风向分布可见，在降雨区域 ASCAT 的海面风速值明显较非降雨区高，这是由于工作于 C 波段的 ASCAT 散射计同样受到降雨的"污染"，降低了其海面风速反演的准确度；粤东站位（编号：QF303）海洋浮标在 SAR 成像时刻的海面风速和风向实测值为 7.0 m/s 和 276°，该值与图 5-45 中 ASCAT 散射计风场左下（西南）位置非降雨区域的海面风速大小接近。因此在非降雨海区，ASCAT 海面风速观测值是准确的。在图 5-45 中绘制的 ASCAT 海面风场中部的非降雨区域，其海面风速为10.0 m/s，因此，本书在 SAR 降雨探测中，取降雨区域的海面风速值也为 10.0 m/s。对比图 5-45 中降雨海区的风向和粤东站位海洋浮标风向实测值，发现两者风向基本一致，为计算过程简便起见，取浮标风向实测值 276°为该降雨区域的海面风向值。

在以上分析获得的海面风速（10.0 m/s）、风向（276°）和图 5-43 中 SAR 的观测参数条件下，按照前文"5.4.1 海上降雨率 SAR 定量探测方法"，利用本书海上降雨微

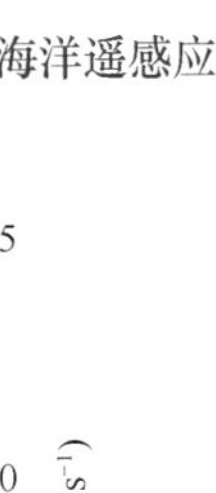

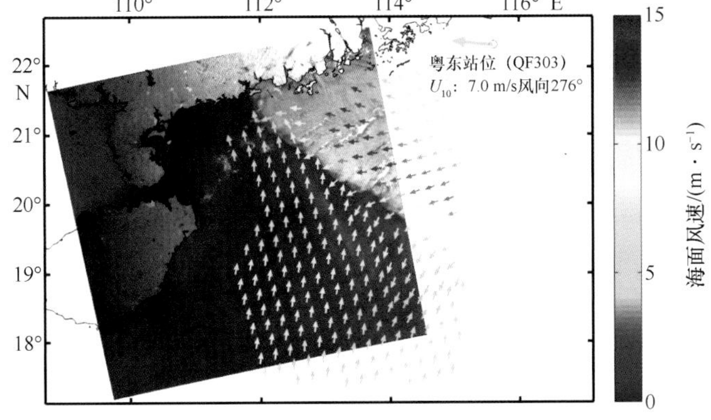

图5-45　用于降雨定量探测的RADARSAT-2卫星SAR原始图像与浮标实测、准同步的ASCAT海面风场分布图

SAR图像信息同图5-43

波散射修正模型反演获得的降雨率分布见图5-46。

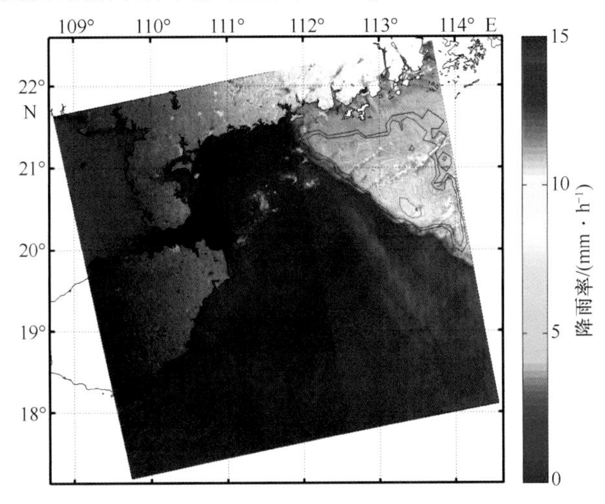

图5-46　用于降雨定量探测的RADARSAT-2卫星SAR图像及其降雨率反演结果

SAR图像信息同图5-43

对比图5-46和图5-44，本书SAR图像数据反演的降雨率和微波辐射计探测的降雨率分布大体一致，即两者降雨率的最大值相差不大，降雨率的空间分布特征基本相同。相比于图5-44，在图5-46中降雨区域的西南侧边缘，存在一降雨率偏大的条带，这是由于其局地风速变大所致。由图5-45中可见，在降雨区域西南侧边缘风向进行了突变，对比该SAR观测时间段的天气图可知，该区域存在飑线。其飑线所发生区域风速、风向突变影响了本书降雨探测的精度（本书风速、风向分别取定值10.0 m/s、276°，未考虑风向突变）。

本书对海上降雨率的SAR定量探测仅为原理和方法的探索性研究。其降雨率的反演精度很大程度上取决于作为反演模型输入的海面风速和风向的精度。

参考文献

陈标，范惠玲，张本涛，等，2006. 弱海流与波作用引起的海面雷达后向散射系数扰动特征 [J]. 遥感技术与应用，21 (5)：436-439.

陈标，张本涛，何伟平，2002. 利用星载 SAR 图像检测海洋锋的方法 [J]. 遥感技术与应用，17 (4)：177-180.

陈戈，方朝阳，徐萍，1999b. 利用双波段补偿法提高卫星高度计海面风速反演精度 [J]. 中国图象图形学报，4 (11)：970-975.

陈戈，1999a. 卫星高度计反演海面风速-模式函数与应用实例 [J]. 遥感学报，3 (4)：305-311.

冯士筰，李凤岐，李少菁，1999. 海洋科学导论 [M]. 北京：高等教育出版社.

甘锡林，黄韦艮，杨劲松，等，2007. 利用合成孔径雷达研究中尺度雷暴的细结构 [J]. 遥感技术与应用，22 (2)：246-250.

郭立新，王运华，吴振森，2005. 双尺度动态分形粗糙海面的电磁散射及多普勒谱研究 [J]. 物理学报，54 (1)：96-101.

郭立新，王运华，吴振森，2007. 修正双尺度模型在非高斯海面散射中的应用 [J]. 电波科学学报，22 (2)：212-218.

蒋兴伟，林明森，宋清涛，2013. 海洋二号卫星主被动微波遥感探测技术研究 [J]. 中国工程科学，(7)：4-11.

林明森，张有广，袁欣哲，2015. 海洋遥感卫星发展历程与趋势展望 [J]. 海洋学报，37 (1)：1-10.

刘丽霞，段崇棣，2008. 国外星载降水测量雷达概述 [J]. 空间电子技术，5 (3)：16-21.

柳鹏，顾行发，余涛，等，2014. 降雨对 PR 雷达海面风速探测的影响及校正 [J]. 中国科学：地球科学，(11)：2515-2526.

王运华，郭立新，吴振森，2006. 改进的二维分形模型在海面电磁散射中的应用 [J]. 物理学报，55 (10)：5191-5199.

王运华，郭立新，吴振森，2007. 改进的一维分形模型在海面电磁散射中的应用 [J]. 电子学报，35 (3)：478-483.

王运华，2006. 海面及其与上方简单目标的复合电磁散射研究 [D]. 西安：西安电子科技大学.

徐丰，贾复，1996. 适用于不同频率的微波海面散射计算方法 [J]. 遥感技术与研究，(3)：26-30.

徐丰，马丽娟，2000. 海面微波散射与风生波短波谱 [J]. 遥感学报，21 (4)：251-255.

杨劲松，2001. 合成孔径雷达海面风场、海浪和内波遥感技术 [D]. 青岛：青岛海洋大学.

杨劲松，2005. 合成孔径雷达海面风场、海浪和内波遥感技术［M］. 北京：海洋出版社.

叶小敏，林明森，梁超，等，2018. 基于 SAR 图像雨团足印的海面风向提取方法［J］. 海洋学报，40（4）：41-50.

叶小敏，林明森，宋清涛，等，2019. 复合雷达后向散射模型与合成孔径雷达、散射计和高度计海面雷达后向散射观测的比较分析［J］. 海洋学报，41（07）：123-135.

叶小敏，林明森，宋庆君，等，2015. 利用南海石油平台的卫星雷达高度计定标与检验［J］. 海洋科学，39（12）：135-142.

叶小敏，林明森，宋庆君，2014. 基于现场观测数据的卫星雷达高度计海面风速和有效波高真实性检验方法研究［J］. 遥感技术与应用，29（1）：26-32.

喻亮，丁晓松，2005. 利用星载 ERS-2 SAR 进行长江口海面风场反演研究［J］. 信息与电子工程，3（3）：172-175.

张庆红，韦青，陈联寿，2010. 登陆中国大陆台风影响力研究［J］. 中国科学：地球科学，40（7）：127-132.

赵中阔，刘春霞，2013. 华南近海两浮标点的波浪特征分析［J］. 广东气象，35（6）：17-22.

周旋，杨晓峰，李紫薇，等，2012. 降雨对 C 波段散射计测风的影响及其校正［J］. 物理学报，61（14）：149202-149202.

周旋，杨晓峰，李紫薇，等，2014. 基于星载 SAR 数据的台风参数估计及风场构建［J］. 中国科学：地球科学，44（2）：355-366.

Alpers W，Brümmer B，1994. Atmospheric boundary layer rolls observed by the synthetic aperture radar aboard the ERS-1 satellite［J］. Journal of Geophysical Research：Oceans，99（C6）：12613-12621.

Alpers W，Cheng C M，Shao Yun，et al.，2007. Study of rain events over the South China Sea by synergistic use of multi-sensor satellite and ground-based meteorological data［J］. Photogrammetric Engineering and Remote Sensing，73（3）：267-278.

Alpers W，Melsheimer C，2004. Chapter 17 Rainfall. In：Jackson C R，Apel J R，eds. Synthetic Aperture Radar marine user's manual［R］. College Park，MD，USA：NOAA/NESDIS/STAR，355-371.

Alpers W，Zhang Biao，Mouche A，et al.，2016. Rain footprints on C-band synthetic aperture radar images of the ocean-Revisited［J］. Remote Sensing of Environment，2016，187：169-185.

Atlas D，1994a. Origin of storm footprints on the sea seen by synthetic aperture radar［J］. Science，266（5189）：1364-1366.

Atlas D，1994b. Footprints of storms on the sea：A view from spaceborne synthetic aperture radar［J］. Journal of Geophysical Research，99（C4）：7961-7969.

Blanc F，Borra M，Boudou P，et al.，1996. AVISO User Handbook—Merged TOPEX/Poseidon Products（GDR-Ms），AVI-NT-02-101-CN，Edition 3.0.

Bliven L F，Branger H，Sobieski P，et al.，1993. An analysis of scatterometer returns from a water surface agitated by artificial rain：evidence that ring-waves are the main feature［J］. International Journal of Remote Sensing，14（12）：2315-2329.

Bliven L F，Giovanangeli J P，1993. An experimental study of microwave scattering from rain-and wind-roughened seas［J］. International Journal of Remote Sensing，14（5）：855-869.

Bliven L F，Sobieski P W，Craeye C，1997. Rain generated ring-waves：measurements and modelling for remote sensing [J]. International Journal of Remote Sensing, 18 (1): 221-228.

Bourlier C, Saillard J, Berginc G, 2000. Intrinsic Infrared Radiation of the Sea Surface [J]. Journal of Electromagnetic Waves and Applications, 14 (4): 551-561.

Chan H L, Fung A K, 1977. A theory of sea scatter at large incident angles [J]. Journal of Geophysical Research, 82 (24): 3439-3444.

Chelton D B, McCabe P J, 1985. A review of satellite altimeter measurement of sea surface wind speed: With a proposed new algorithm [J]. Journal of Geophysical Research: Oceans, 90 (C3): 4707-4720.

Contreras R F, Plant W J, Keller W C, et al., 2003. Effects of rain on Ku-band backscatter from the ocean [J]. Journal of Geophysical Research: Atmospheres, 108 (C5): 249-260.

Contreras R F, Plant W J, 2006. Surface effect of rain on microwave backscatter from the ocean: Measurements and modeling. Journal of Geophysical Research: Atmospheres, 111 (C8): 275-303.

Cox C S, Munk W H, 1954. Statistics of The Sea Surface Derived from Sun Glitter [J]. Journal of Marine Research, 13: 198-227.

Craeye C, Sobieski P W, Bliven L F, et al., 1999. Ring-waves generated by water drops impacting on water surfaces at rest [J]. IEEE Journal of Oceanic Engineering, 24 (3): 323-332.

Dankert H, Horstmann J, Rosenthal W, 2003. Ocean wind fields retrieved from radar-image sequences [J]. Journal of Geophysical Research: Oceans, 108 (C11): 2150-2152.

Donelan M A, Pierson W J, 1987. Radar scattering and equilibrium ranges in wind-generated waves with application to scatterometry [J]. Journal of Geophysical Research, 92 (C5): 4971-5029.

Donelan, M A, W H Hui, 1990. Mechanics of ocean surface waves, in Surface Waves and Fluxes [M], vol. 1, edited by G. L. Geenaert and W. J. Plant, pp. 209-246, Kluwer Acad., Boston, Mass.

Draper D W, Long D G, 2004. Sincultaneous wind and rain retrieval using Sea Winds data [J]. IEEE Transactions on Geoscience and Remote Sensing, 42 (7): 1411-1423.

Dumont J P, Rosmorduc V, Carrere L, et al., 2015. OSTM/Jason-2 Products Handbook, SALP-MU-M-OP-15815-CN, Edition 1 rev 9.

Elachi C, 1987. Introduction to the Physics and Techniques of Remote Sensing [M]. USA: John Wileg and Sons, Inc.

Elfouhaily T, Chapron B, Katsaros K, et al., 1997. A Unified Directional Spectrum for Long and Short Wind -Driven Waves [J]. Journal of Geophysical Research, 102 (C7): 15781-15794.

Fetterer F, Gineris D, Wackerman C C, 1998. Validating a scatterometer wind algorithm for ERS-1 SAR [J]. IEEE Transactions on Geoscience and Remote Sensing, 36 (2): 479-492.

Fridman K S, Li Xiaofeng, 2000. Monitoring hurricanes over the ocean with wide swath SAR, Johns Hopkins APL Technical Digest, 21 (1): 80-85.

Fung A K, Lee K K, 1982. A semi-empirical sea-spectrum model for scattering coefficient estimation [J]. IEEE Journal of Oceanic Engineering, 7 (4): 166-176.

Gerling T W, 1986. Structure of the surface wind field from the Seasat SAR [J]. Journal of Geophysical Research: Oceans, 91 (91): 2, 308-2, 320.

Gunn R, Kinzer G D, 1949. The Terminal Velocity of Fall for Water Droplets in Stagnant Air [J]. Journal of the Atmospheric Sciences, 6 (4): 243-248.

Hersbach H, Stoffelen A, Haan S D, 2007. An improved C-band scatterometer ocean geophysical model function: CMOD5 [J]. Journal of Geophysical Research: Oceans, 112 (C3): 225-237.

Hilburn K A, Wentz F J, 2009. Intercalibrated Passive Microwave Rain Products from the Unified Microwave Ocean Retrieval Algorithm (UMORA) [J]. Journal of Applied Meteorology and Climatology, 47 (3): 778-794.

Holland G J, 1980. An Analytic Model of the Wind and Pressure Profiles in Hurricanes [J]. Monthly Weather Review, 108 (8): 1212-1218.

Horsmann J, Wackerman C, Foster, R, et al., 2013. Estimaing winds from synthetic aperture radar in typhoon conditions [C]. Interbational Ocean Vetor Winds Science Team (IOVWST) Meeting 2013, Kailua-Kona, Hawaii, USA, 6-8 May.

Horstmann J, Thompson D R, Monaldo F, et al., 2005. Can synthetic aperture radars be used to estimate hurricane force winds? [J]. Geophysical Research Letters, 32 (22): 1-5.

Hwang P A, Stoffelen A, Zadelhoff G, et al., 2015. Cross-polarization geophysical model function for C-band radar backscattering from the ocean surface and wind speed retrieval [J]. Journal of Geophysical Research: Oceans, 120 (2): 893-909.

Hwang P A, Zhang B, Toporkov J V, et al., 2010. Comparison of composite Bragg theory and quad-polarization radar backscatter from RADARSAT-2: With applications to wave breaking and high wind retrieval [J]. Journal of Geophysical Research: Atmospheres, 115 (C8): 246-255.

Iain H Woodhouse, 2014. 微波遥感导论 [M]. 董晓龙, 徐星欧, 徐曦煜, 译. 北京: 科学出版社.

Jiang Xingwei, Mingsen Lin, Jianqiang Liu et al., 2012. The HY-2 satellite and its preliminary assessment [J]. International Journal of Digital Earth, 5 (3): 266-281.

Katsaros K B, Vachon P W, Liu W T, et al., 2002. Microwave Remote Sensing of Tropical Cyclones from Space [J]. Journal of Oceanography, 58 (1): 137-151.

Klein A L, Swift T C, 1977. An Improved model for the Dielectric Constant of Sea Water at Microwave frequencies [J]. IEEE Transactions on Antennas and Propagation, AP-25 (1): 104-111.

Kozu T, Kawanishi T, Kuroiwa H, et al., 2001. Development of precipitation radar onboard the Tropical Rainfall Measuring Mission (TRMM) satellite [J]. IEEE Transactions on Geoscience and Remote Sensing, 39 (1): 102-116.

Kudryavtsev V, Hauser D, Caudal G, et al., 2003. A semiempirical model of the normalized radar cross-section of the sea surface-1. Background model [J]. Journal of Geophysical Research: Oceans, 108 (3): FET 2-1-FET 2-24.

Le Méhauté B, 1988. gravity-capillary rings generated by water drops [J], Journal of Fluid Mechanics, 197: 415-427.

Lemaire D, Bliven L F, Craeye C, et al., 2002. Drop size effects on rain-generated ring-waves with a view to remote sensing applications [J]. International Journal of Remote Sensing, 23 (12): 2345-2357.

Li Xiaofeng, 2015. The first Sentinel-1 SAR image of a typhoon [J]. Acta Oceanologica Sinica, 34 (1): 1-2.

Lin Hui, Xu Qing, Zheng Quanan, 2008. An overview on SAR measurements of sea surface wind [J]. Progress in Natural Science, 18 (8): 913-919.

Lin I I, Alpers W, Khoo V, et al., 2001. An ERS-1 synthetic aperture radar image of a tropical squall line compared with weather radar data [J]. IEEE Transactions on Geoscience and Remote Sensing, 39 (5): 937-945.

Lin Mingsen, Ye Xiaomin, Yuan Xinzhe, 2017. The first quantitative joint observation of typhoon by Chinese GF-3 SAR and HY-2A microwave scatterometer [J]. Acta Oceanologica Sinica, 36 (11): 1-3.

Lin Wenming, Portabella M, Stoffelen A, et al., 2015. ASCAT wind quality control near rain [J]. IEEE Transactions on Geoscience and Remote Sensing, 53 (8): 1-13.

Liu Xinan, Zheng Quanan, Liu Ren, et al., 2016a. A Model of Radar Backscatter of Rain-Generated Stalks on the Ocean Surface, IEEE Transactions on Genscience and Remote Sensing, DOI: 10. 1109/TGRS. 2614897.

Liu Xinan, Zheng Quanan, Liu Ren, et al., 2016b. A study of radar backscattering from water surface in response to rainfall [J]. Journal of Geophysical Research: Oceans, 121 (3): 1546-1562.

Luscombe A, 2008. RADARSAT-2 Product format definition. Richmond, Canada: MacDonald Dettwiler RN-RP-51-2713.

Marshall J S, Palmer W M K, 1948. The Distribution of Raindrops with Size [J]. Journal of the Atmospheric Sciences, 5 (4): 165-166.

Meissner T, Wentz F J, 2004. The complex dielectric constant of pure and sea water from microwave satellite observations [J]. IEEE Transactions on Geoscience and Remote Sensing, 42 (9): 1836-1849.

Melsheimer C, Werner Alpers W, Gade M, et al., 2001. Simultaneous observations of rain cells over the ocean by the synthetic aperture radar aboard the ERS satellites and by surface-based weather radars [J]. Journal of Geophysical Research: Atmospheres, 106 (C3): 4665-4677.

Moore R K, Mogili A, Fang Y, et al., 1997. Rain measurement with SIR-C/X-SAR [J]. Remote Sensing of Environment, 59 (2): 280-293.

Moore R K, Yu Y, Fung A, et al., 1979. Preliminary study of rain effects on radar scattering from water surfaces [J]. IEEE Journal of Oceanic Engineering, 4 (1): 31-32.

Moore R, 1985. Radar Sensing of the Ocean [J]. IEEE Journal of Oceanic Engineering, 10 (2): 84-113.

Morena L C, James K V, Beck J, 2004. An introduction to the RADARSAT-2 mission [J]. Canadian Journal of Remote Sensing Journal Canadien, 30 (3): 221-234.

Nie Congling, Long D G, 2008. A C-Band Scatterometer Simultaneous Wind/Rain Retrieval Method [J]. IEEE Transactions on Geoscience and Remote Sensing, 46 (11): 3618-3631.

Nie Congling, Long D G, 2007. A C-Band Wind/Rain Backscatter Model [J]. IEEE Transactions on Geoscience and Remote Sensing, 45 (3): 621-631.

Nie Congling, 2008. Wind, Rain Backscatter Modeling and Wind, Rain Retrieval for Scatteromerter and Synthetic Aperture Radar [D]. Brigham Young University.

Odedina M O, Afullo T J, 2010. Determination of rain attenuation from electromagnetic scattering by spherical raindrops: Theory and experiment [J]. Radio Science, 45 (1): 355-365.

Peake W, 1959. Theory of radar return from terrain [C]. IRE International Convention Record: 27-41.

Picot N, Desai S, 2008. AVISO and PODAAC User Handbook—IGDR and GDR Jason-1 Product, SMM-MU-M5-OP-13184-CN, Edition 4. 1.

Pierson W J, Moskowitz L, 1964. A proposed spectral form for fully developed wind seas based on the similarity theory of S. A. Kitaigorodskii [J]. Journal of Geophysical Research, 69 (24): 5181-5190.

Pierson W J, 1976. The theory and applications of ocean wave measuring systems at and below the sea surface, on the land, from aircraft, and from spacecraft [J]. NASA Contract Rep. CR-2646, N76-17775.

Plant J W, 1986. A two-scale model of short wind-generated waves and scatterometry [J]. Journal of Geophysical Research: Atmospheres, 91 (C9): 10735-10749.

Plant J W, 2002. A stochastic, multiscale model of microwave backscatter from the ocean [J]. Journal of Geophysical Research: Oceans, 107 (C9): 3-1-3-21.

Portabella M, Stoffelen A, Lin W, et al., 2012. Rain Effects on ASCAT-Retrieved Winds: Toward an Improved Quality Control [J]. IEEE Transactions on Geoscience and Remote Sensing, 50 (7): 2495-2506.

Quilfen Y, Chapron B, Elfouhaily T, et al., 1998. Observation of tropical cyclones by high-resolution scatterometry [J]. Journal of Geophysical Research, 103 (C4): 7767-7786.

Zheng, 2018. SAR detection of Ocean processes and bottom topography [J]. Comprehensive Remote Sensing, 8: 145-196, doi: 10. 1016/B978-0-12-409548-9. 10403-8.

Reppucci A, Lehner S, Schulz-Stellenfleth J, et al., 2010. Tropical Cyclone Intensity Estimated From Wide-Swath SAR Images [J]. IEEE Transactions on Geoscience and Remote Sensing, 48 (4): 1639-1649.

Ricciardulli L, Wentz F J, Smith D K, 2011. Remote Sensing Systems QuikSCAT Ku-2011 [Daily] Ocean Vector Winds on 0. 25 deg grid, Version 4 [EB/OL]. [2011-4-15] (2021-5-20) http: // www. remss. com/missions/ascat.

Ricciardulli L, Wentz F J, Smith D K, 2016. Remote Sensing Systems ASCAT C-2015 Daily Ocean Vector Winds on 0. 25 deg grid, Version 02. 1 [EB/OL]. [2016-4-15] (2021-5-20) http: // www. remss. com/missions/ascat.

Rice S O, 1951. Reflection of electromagnetic waves from slightly rough surfaces [J]. Communications on Pure and Applied Mathematics, 4 (2-3): 351-378.

Robert A, Houze J, 1997. Stratiform precipitation in regions of convection: A meteorological paradox? [J]. Bulletin of American Meteorological Society, 78 (10): 2179-2196.

Shen Hui, Perrie W, He Yijun, 2009. On SAR wind speed ambiguities and related geophysical model functions [J]. Canadian Journal of Remote Sensing, 35 (3): 310-319.

Simpson J, Kummerow C, Tao W K, et al., 1996. On the Tropical Rainfall Measuring Mission (TRMM) [J]. Meteorology and Atmospheric Physics, 60 (1-3): 19-36.

Stoffelen A, Anderson D, 1997a. Scatterometer Data Interpretation: Measurement Space and Inversion [J]. Journal of Atmospheric and Oceanic Technology, 14 (6): 1298-1313.

Stoffelen A, Anderson D, 1997b. Scatterometer data interpretation: Estimation and validation of the transfer function CMOD4 [J]. Journal of Geophysical Research: Oceans, 102 (C3): 5767-5780.

Thomas B R, Kent E C, Swail V R, 2005. Methods to homogenize wind speeds from ships and buoys [J]. International Journal of Climatology, 25 (7): 979-995.

Thompson D R, Elfouhaily T M, Chapron B, 1998. Polarization ratio for microwave backscattering from the ocean surface at low to moderate incidence angles [C]. Geoscience and Remote Sensing Symposium Proceedings 1998 IEEE International, (3): 1671-1673.

Thompson D R, Monaldo F M, Beal R C, et al., 2001. Combined estimates improve high-resolution coastal wind mapping. EOS, Transactions, American Geophysical Union, 82 (41): 469-484.

Tournadre J, Quilfen Y, 2003. Impact of rain cell on scatterometer data: 1. Theory and modeling [J]. Journal of Geophysical Research: Oceans, 108 (C7): 352-367.

Tournadre J, Quilfen Y, 2005. Impact of rain cell on scatterometer data: 2. Correction of Seawinds measured backscatter and wind and rain flagging [J]. Journal of Geophysical Research: Oceans, 110 (C7): 691-706.

Tsimplis M N, 1992. The Effect of Rain in Calming the Sea [J]. Journal of Physical Oceanography, 22 (4): 320-321.

Ulaby F T, Moore R K, Fung A K, 1982. Microwave Remote Sensing: Active and Passive, Volume II: Radar Remote Sensing and Surface Scattering and Emission Theory [M], UK: Artech House.

Vachon P W, Dobson F W, 1996. Validation of wind vector retrieval from ERS-1 SAR images over the ocean [J]. Global Atmosphere and Ocean System, 5 (2): 177-187.

Valenzuela G R, 1967. Depolarization of EM waves by slightly rough surfaces [J]. IEEE Transactions on Antennas and Propagation, 15 (4): 552-557.

Valenzuela G R, 1978. Theories for the interaction of electromagnetic and oceanic waves—A review [J]. Boundary-Layer Meteorology, 13 (1-4): 61-85.

Velenzuela G R, 1968. Scattering of electromagnetic waves from a tilted slightly rough surface [J]. Radio Science, 3 (11): 1057.

Villermaux E, Bossa B, 2009. Single-drop fragmentation determines size distribution of raindrops [J]. Nature Physics, 5 (9): 697-702.

Wentz F J, Smith D K, 1999. A model function for the ocean-normalized radar cross section at 14 GHz derived from NSCAT observations [J]. Journal of Geophysical Research: Atmospheres, 104 (C5): 11499-11514.

Wetzel L B, 1987. On the theory of electromagnetic scattering from a raindrop splash [J]. Radio Science, 88 (6): 1183-1197.

Witter D L, Chelton D B, 1991. A Geosat altimeter wind speed algorithm and a method for altimeter wind speed algorithm development [J]. Journal of Geophysical Research: Oceans, 96 (C5): 8853-8860.

Wright J, 1966. Backscattering from capillary waves with application to sea clutter [J]. IEEE Transactions on Antennas and Propagation, 14 (6): 749-754.

Wu Zhengsen, Zhang P, Guo X, et al., 2009. An Improved Two-Scale Model with Volume Scattering for the Dynamic Ocean Surface [J]. Progress in Electromagnetics Research, 89 (4): 39-56.

Xie Lian, Bao Shaowu, Pietrafesa L J, et al., 2010. A Real-Time Hurricane Surface Wind Forecasting Model: Formulation and Verification [J]. Monthly Weather Review, 134 (5): 1355-1370.

Xu Feng, Li Xiaofeng, Wang Peng, et al., 2015. A backscattering model of rainfall over rough sea surface for Synthetic Aperture Radar [J]. IEEE Transactions on Geoscience and Remote Sensing, 53 (6): 3042-3054.

Xu Qing, Cheng Yongcun, Li Xiaofeng, et al., 2011. Ocean Surface Wind Speed of Hurricane Helene Observed by SAR [C]. Procedia Environmental Sciences, 10 (2011): 2097-2101.

Xu Qing, Lin Hui, Yin Xiaobin, et al., 2008a. SAR Measurement of Ocean Surface Wind Using A

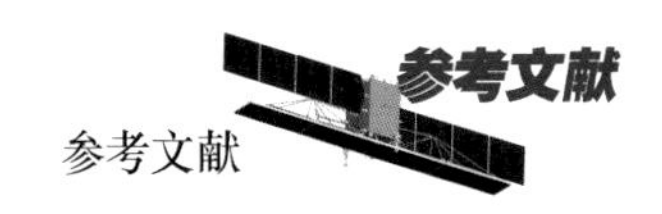

Physics Model [C] // Geoscience and Remote Sensing Symposium. IGARSS 2008. IEEE International: I-420-I-423.

Xu Qing, Lin Hui, Zheng Quanan, et al., 2008b. Evaluation of ENVISAT SAR for sea surface wind retrieval in Hong Kong coastal waters of China [J]. Acta Oceanologica Sinica, 27 (4): 57-62.

Ye Xiaomin, Lin Mingsen, Qingtao Song, et al., 2020. The optimized small incidence angle setting of a composite Bragg scattering model and its application to sea surface wind speed retrieval [J]. IEEE Journal of Selected Topics in Applied Earth Observations and Remote Sensing, 13: 1248-1257.

Ye Xiaomin, Lin Mingsen, Xu Ying, 2015. Validation of Chinese HY-2 satellite radar altimeter significant wave height. Acta Oceanologica Sinica, 34 (5): 60-67.

Ye Xiaomin, Lin Mingsen, Yuan Xinzhe, et al., 2016. Satellite SAR observation of the sea surface wind field caused by rain cells [J]. Acta Oceanologica Sinica, 35 (9): 80-85.

Ye Xiaomin, Lin Mingsen, Zheng Quanan, et al., 2019. A Typhoon Wind-Field Retrieval Method for the Dual-Polarization SAR Imagery [J]. IEEE Geoscience and Remote Sensing Letters, 16 (10): 1511-1515.

Young I R, 1993. An estimate of the Geosat altimeter wind speed algorithm at high wind speeds [J]. Journal of Geophysical Research, 98 (C11): 20275-20285.

Zhang Biao, Perrie W, Zhang J A, et al., 2014a. High-Resolution Hurricane Vector Winds from C-Band Dual-Polarization SAR Observations [J]. Journal of Atmospheric and Oceanic Technology, 31 (2): 272-286.

Zhang Yi, Jiang Xingwei, Song Qingtao, et al., 2014b. Coastal wind field retrieval from polarimetric synthetic aperture radar. Acta Oceanologica Sinica, 33 (5): 54-61.

Zhang Guosheng, Li Xiaofeng, Perrie W, et al., 2016. Rain effects on the hurricane observations over the ocean by C-band Synthetic Aperture Radar [J]. Journal of Geophysical Research: Ocean, 121 (1): 14-26.

Zheng Quanan, Lin Hui, Meng Junmin, et al., 2008. Sub-mesoscale ocean vortex trains in the Luzon Strait [J]. Journal of Geophysical Research: Atmospheres, 113 (C4): 977-990.

Zheng Quanan, 2012. Applications of satellite SAR to ocean dynamics and rainfall [R]. Beijing: National Satellite Ocean Application Service.

附　录

附录 A：海水复介电常数计算模型

在研究电磁波与海面的相互作用涉及的边界条件参数中，海水的介电常数是重要参量之一，海水的复介电常数可以通过 Debye 公式求得（Klein and Swift，1977）：

$$\varepsilon = \varepsilon\infty + \frac{\varepsilon s - \varepsilon\infty}{1+(2\pi f\tau)^2} + i\left[\frac{2\pi f\tau(\varepsilon s - \varepsilon\infty)}{1+(2\pi f\tau)^2} + \frac{\sigma}{2\pi\varepsilon 0 f}\right]$$

式中，

$\varepsilon s(T, S) = \varepsilon s(T)a(T, S)$，

$\varepsilon s(T) = 87.134 - 1.949\times10^{-1}T - 1.276\times10^{-2}T^2 + 2.491\times10^{-4}T^3$，

$a(T, S) = 1.000 + 1.613\times10^{-5}ST - 3.656\times10^{-3}S + 3.210\times10^{-5}S^2 - 4.232\times10^{-7}S^3$；

$\tau(T, S) = \tau(T, 0)b(T, S)$，

$\tau(T, 0) = 1.768\times10^{-11} - 6.086\times10^{-13}T + 1.104\times10^{-14}T^2 - 8.111\times10^{-17}T^3$，

$b(T, S) = 1.000 + 2.282\times10^{-5}ST - 7.638\times10^{-4}S - 7.760\times10^{-6}S^2 + 1.105\times10^{-8}S^3$；

$\sigma(T, S) = \sigma(25, S)\exp(-\delta\beta)$，

$\delta = 25 - T$，

$\beta = 2.033\times10^{-2} + 1.266\times10^{-4}\delta + 2.464\times10^{-6}\delta^2 - (1.849\times10^{-5} - 2.551\times10^{-7}\delta + 2.551^{-8}\delta^2)S$，

$\sigma(25, S) = 0.182\,521S - 1.461\,92\times10^{-3}S^2 + 2.093\,24\times10^{-5}S^3 - 1.282\,05\times10^{-7}S^4$；

$\varepsilon\infty = 4.9$，但存在±20%的误差；$\varepsilon 0 = 8.854\times10^{-12}$，为真空中的介电常数；$f$ 为电磁波的频率，单位为 Hz；T 为海水温度，单位为摄氏度（℃）；S 为盐度，采用实用盐度标准（Practical Salinity Units，PSU）。

由于本书所使用的数据所在区域在南海北部，海洋环境参数取值设置为：海水温度 T=25 ℃；海水盐度为 S=35。

附录 B：地球物理模式函数

1. CMOD4

CMOD4 地球物理模式函数是后向散射系数（σ_{VV}^0）与风速（u）、相对风向（φ）和入射角（θ）的经验关系，其表达式为（Stoffelen and Anderson，1997a；1997b）

$$\sigma_{VV}^0 = b_0[1 + b_1\cos\varphi + b_3\tanh(b_2)\cos2\varphi]$$

其中，

$$b_0 = b_r \times 10^{\alpha+\gamma F_1(U_{10}+\beta)}$$

$$F_1(y) = \begin{cases} -10 & y \leqslant 10^{-10} \\ \lg y & 0 < y \leqslant 5 \\ \sqrt{y}/3.2 & y > 5 \end{cases}$$

式中，U_{10} 为海面风速（海面 10 m 高度处）；φ 为风向相对于雷达天线方位角的角度，风朝雷达天线吹（逆风）为 0°或者 360°。顺风向为 180°，侧风向为 90°或者 270°；α、β、γ、b_1、b_2 和 b_3 是包含 18 个系数 Legendre 多项式，表达式如下：

$$\alpha = c_1P_0 + c_2P_1 + c_3P_2$$

$$\gamma = c_4P_0 + c_5P_1 + c_6P_2$$

$$\beta = c_7P_0 + c_8P_1 + c_9P_2$$

$$b_1 = c_{10}P_0 + c_{11}U_{10} + (c_{12} + c_{13}U_{10})F_2(x)$$

$$b_2 = c_{14}P_0 + c_{15}(1 + P_1)U_{10}$$

$$b_3 = 0.42[1 + c_{16}(c_{17} + P_1)(c_{18} + U_{10})]$$

$$F_2(x) = \tanh[0.25(x + 0.35)] - 0.61(x + 0.35)$$

以上各式中的拉格朗日多项式为

$$P_0 = 1$$

$$P_1 = x$$

$$P_2 = (3x^2 - 1)/2$$

式中，

$$x = (\theta - 40)/25$$

系数 $c_1 \sim c_{18}$ 的值见表附表 1；b_r 为修正因子，是入射角 θ 的函数（附表 2）。

附表 1　CMOD4 模式系数值

系数	值	系数	值	系数	值	系数	值
c_1	-2. 301 523	c_6	-0. 293 819	c_{11}	0. 002 484	c_{16}	-0. 006 667
c_2	-1. 632 686	c_7	-1. 015 244	c_{12}	0. 074 450	c_{17}	3. 000 000
c_3	0. 761 210	c_8	0. 342 175	c_{13}	0. 004 023	c_{18}	-10. 000 00
c_4	1. 156 619	c_9	-0. 500 786	c_{14}	0. 148 810		
c_5	0. 595 955	c_{10}	0. 014 430	c_{15}	0. 089 286		

附表 2　修正因子 br 与 θ 对照表

θ/（°）	br	θ/（°）	br	θ/（°）	br	θ/（°）	br	θ/（°）	br
16	1. 075	25	0. 979	34	0. 937	43	1. 033	52	1. 016
17	1. 075	26	0. 967	35	0. 944	44	1. 042	53	1. 002
18	1. 075	27	0. 958	36	0. 955	45	1. 050	54	0. 989
19	1. 072	28	0. 949	37	0. 967	46	1. 054	55	0. 965
20	1. 069	29	0. 941	38	0. 978	47	1. 053	56	0. 941
21	1. 066	30	0. 934	39	0. 988	48	1. 052	57	0. 929
22	1. 056	31	0. 927	40	0. 988	49	1. 047	58	0. 929
23	1. 030	32	0. 923	41	1. 009	50	1. 038	59	0. 929
24	1. 004	33	0. 930	42	1. 021	51	1. 028	60	0. 929

2. CMOD5

CMOD5 地球物理模式函数的表示形式如下（Hersbach et al.，2007）：

$$\sigma^0_{(m)} = B0\,(1 + B1\cos\varphi + B2\cos2\varphi)^{1.6}$$

式中，$B0$、$B1$ 和 $B2$ 是海面风速 U_{10} 和入射角 θ［或者变量 $x = (\theta - 40)/25$］的函数。

$B0$ 定义如下：

$$B0 = 10^{a_0 + a_1 U_{10}} f\,(a_2 U_{10},\ s_0)^{\gamma}$$

其中，

$$f(s,\ s_0) = \begin{cases} (s/s_0)^{\alpha} g(s_0) & ,\quad s < s_0 \\ g(s) & ,\quad s \geqslant s_0 \end{cases}$$

$$g(s) = 1/[1 + \exp(-s)]$$

$$\alpha = s_0[1 - g(s_0)]$$

a_0、a_1、a_2、γ 和 s_0 仅取决于入射角 θ，

$$a_0 = c_1 + c_2 x + c_3 x^2 + c_4 x^3$$

$$a_2 = c_5 + c_6 x$$

$$a_2 = c_7 + c_8 x$$

$$\gamma = c_9 + c_{10}x + c_{11}x^2$$

$$s_0 = c_{12} + c_{13}x$$

$B1$ 表示为如下模式：

$$B1 = \frac{c_{14}(1 + x) - c_{15}U_{10}(0.5 + x - \tanh[4(x + c_{16} + c_{17}U_{10})])}{1 + \exp[0.34(U_{10} - c_{18})]}$$

$B2$ 项选择的形式如下：

$$B2 = (-d_1 + d_2 v_2)\exp(-v_2)$$

其中，v_2 表示式如下：

$$v_2 = \begin{cases} a + b(y-1)^n, & y < y_0 \\ y, & y \geq y_0 \end{cases}$$

式中，

$$y = \frac{U_{10} + v_0}{v_0}$$

$$y_0 = c_{19},\ n = c_{20}$$

$$a = y_0 - (y_0 - 1)/n,\ b = 1/[n(y_0 - 1)^{n-1}]$$

$B2$ 表示式中，v_0、d_1 和 d_2 为仅取决于入射角的函数：

$$v_0 = c_{21} + c_{22}x + c_{23}x^2$$

$$d_1 = c_{24} + c_{25}x + c_{26}x^2$$

$$d_2 = c_{27} + c_{28}x$$

以上各式中系数 c 见附表 3。

附表 3　CMOD5 地球物理模式函数系数 c 的值

系数	值	系数	值	系数	值	系数	值
c_1	-0.688	c_8	0.016 2	c_{15}	0.007	c_{22}	-3.44
c_2	-0.793	c_9	6.34	c_{16}	0.33	c_{23}	1.36
c_3	0.338	c_{10}	2.57	c_{17}	0.012	c_{24}	5.35
c_4	-0.173	c_{11}	-2.18	c_{18}	22.0	c_{25}	1.99
c_5	0.000 0	c_{12}	0.400	c_{19}	1.95	c_{26}	0.29
c_6	0.004 0	c_{13}	-0.60	c_{20}	3.00	c_{27}	3.80
c_7	0.111	c_{14}	0.045	c_{21}	8.39	c_{28}	1.53

3. 高度计风速反演的地球物理模式函数

Chelton 和 Mccabe（1985）的卫星高度计海面风速与后向散射关系为

$$U_{10} = 0.943 \times 10^{[(\sigma_0/10 - G)/H]}$$

式中，

$$G = 1.502, \quad H = -0.468$$

后向散射系数 σ_0 单位为 dB。

T/P 卫星高度计所采用的海面风速业务化反演的地球物理模式函数（Witter and Chelton，1991）为

$$U_{10} = \sum_{n=0}^{4} an\ (\sigma_{0b})^n$$

式中，U_{10} 为海面风速（单位：m/s）；$\sigma_{0b} = \sigma_0 + d\sigma$ 为基于 Geosat 卫星高度计数据的参考后向散射系数（单位：m/s）。如对于 TOPEX/POSEIDON 高度计 $d\sigma = -0.63$ dB。多项式系数 a 的值见附表 4。

附表 4　T/P 卫星高度海面风速业务化反演模式函数系数

U_{10}范围	σ_{0b} 范围	a_0	a_1	a_2	a_3	a_4
$U_{10}>7.30$	$\sigma_{0b}<10.8$	51.045 307 042	-10.982 804 379	1.895 708 416	-0.174 827 728	0.005 438 225
$0.01 \leq U_{10} \leq 7.30$	$10.8 \leq \sigma_{0b} \leq 19.6$	317.474 299 469	-73.507 895 088	6.411 978 035	-0.248 668 296	0.003 607 894
$U_{10}=0.0$	$19.6<\sigma_{0b}$	0.0	0.0	0.0	0.0	0.0

Young（1993）给出高风速（$U_{10}>20$ m/s）时，高度计接收的海面后向散射系数 σ_0（单位：dB）与海面风速 U_{10}（单位：m/s）的关系为

$$U_{10} = -6.4\sigma_0 + 72$$

附录 C：真实性检验统计量

本书涉及的检验（比对）统计量包括数量 N、线性相关系数 R、平均偏差（$Bias$）、标准方差（STD）和均方根误差（$RMSE$），其数学表达式分别为

$$R = \frac{\sum_{i=1}^{N}(Xi - \overline{X})(Yi - \overline{Y})}{\sqrt{\sum_{i=1}^{N}(Xi - \overline{X})^2 \sum_{i=1}^{N}(Yi - \overline{Y})^2}}$$

$$Bias = \sum_{i=1}^{N}(Xi - Yi)/N$$

$$STD = \sqrt{\frac{\sum_{i=1}^{N}(Xi - Yi - \overline{\mathrm{X} - \mathrm{Y}})^2}{N - 1}}$$

$$RMSE = \sqrt{\frac{\sum_{i=1}^{N}(Xi - Yi)^2}{N}}$$

式中，N 为检验（比对）匹配的数据量，Xi 、Yi 分别为待检验（比对）值和作为真值的数据值。